# 벗삼아호의 아름다운 항해

# 벗삼아호의 아름다운 항해

초판 1쇄 발행  2021년 2월 5일

지은이   허광음

펴낸이   양은하
디자인   책은우주다
펴낸곳   들메나무  출판등록 2012년 5월 31일 제396-2012-0000101호
주소    (10893) 경기도 파주시 와석순환로 347 218-1102호
전화    031) 941-8640  팩스 031) 624-3727
전자우편  deulmenamu@naver.com

값      20,000원
ISBN    979-11-86889-24-4  03980

요트로 동남아 한 바퀴

허광음 지음

# 벗삼아호의
# 아름다운 항해

들메나무

# 돛을 펼치며

벗삼아호 동남아 원정 항해가 끝난 후 6년이 지났다.

생각해보면 마치 꿈을 꾼 듯 아련하다.

험난한 3,300km 겨울 바다를 헤치고 일본열도와 대만을 경유하여 필리핀까지 내려간 1차 항해에 참가했던 우리 대원 8명 모두는 자기가 있던 곳으로 돌아가 일생일대의 길고 아름다웠던 요트 여행을 가슴속에 품고 모두들 열심히 오늘을 살고 있다.

1차 항해가 끝나고 이어진 여유로운 필리핀 일주, 그리고 다시 제주까지의 귀환을 위한 두 번째 항차는 2015년 1월부터 시작되어 5개월 걸렸다.

이 여정은 요트를 소유한 사람들이 경험하는 sail and stay 형태의 여정이라 이미 유튜브 혹은 세일 블로그를 통해 많이 소개된 평범한 이야기들이다.

나는 이 이야기를 시작하면서 항해도 항해지만 바다 이야기에 섞어 내가 살아온 이야기를 조금 풀어넣고 싶다.

환상적인 돛배 여행의 재미를 조금이나마 느껴보시라.

푸에르토 갈레라의 카페에서, 혹은 옛날 중세 때 교황청을 구했다던 프랑스 자비에 가문의 재치 넘치는 한 영감님과, 두 대의 헬기를 직접 몰고 다니며 황금색 진주를 키우는 멋진 잭 브랜넬의 요트 안에서 벌어지는 파티도 한번 구경하시라.

별이 쏟아지는 팔라완 섬 한 정박지에서 매일 밤 구수한 머드크랩과 달콤한 망고를 곁들인 만찬을 한다고 상상해보시라. 영화 같은 요트에서의 저녁 식사 이야기를 읽고 나면 여러분의 심장이 쿵쾅거려, 요트 면허도 따고 열심히 부자가 되어 그대의 이름을 딴 멋진 돛배를 한 척 갖기 위한, 어렵지만 신명 나고 가슴 벅찬 그대만의 항해를 당장 시작할지도 모른다.

그런 분들을 위해 자판 앞에 다시 앉았다.

2021년 새로운 해를 맞이하며
북한산 서재에서

**차례**

# 푸에르토 갈레라

## 보석 같은 섬 보라카이

## 팔라완

Chapter
4

# 김녕항으로 돌아오다

## Chapter 5

# 지상낙원 코타키나발루

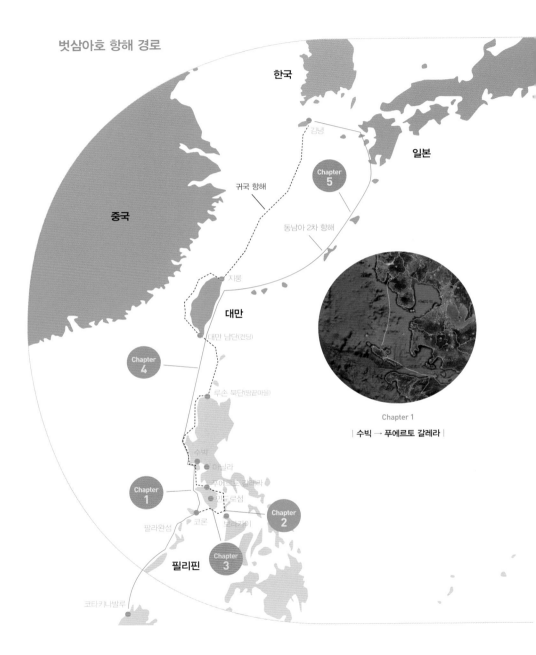

벗삼아호 항해 경로

한국

일본

중국

귀국 항해

김녕

Chapter
5

동남아 2차 항해

대만

지룽

대만 남단(컨딩)

Chapter
4

루손 북단(팡끝마을)

수빅

마닐라

푸에르토 갈레라

민도로섬

Chapter
1

Chapter
2

팔라완섬

코론

보라카이

Chapter
3

필리핀

코타키나발루

Chapter 1

| 수빅 → 푸에르토 갈레라 |

Chapter 2

| 푸에르토 갈레라 → 보라카이 |

Chapter 3

| 보라카이 → 코론 → 수빅 |

Chapter 4

| 수빅 → 대만빅 → 제주 |

Chapter 5

| 제주 → 대만 → 필리핀 → 코타키나발루 |

Chapter 1

·

# 푸에르토
# 갈레라

마스트 위에서 본 벗삼아호

# 숨겨진 돛배의 천국

☆

　푸에르토 갈레라는 필리핀 민도로섬 북단에 있다. 스페인어로 '범선의 항구'라는 명칭답게 요트 정박지를 두 손으로 감싸안고 보호하는 모양새를 가진 절묘한 지형의 항구다.

　수심도 적당하다. 앵커 투묘로 인한 산호초의 손상을 막고자 요트 클럽의 정박지는 해저에 콘크리트 앵커를 심고 그 위에 배를 고정할 부표를 띄워 쉽게 배를 묶도록 했고, 폰툰 시설이 없어 마리나에서 운영하는 수상택시를 이용해 배와 육지를 오간다.

　월회비 30만 원 정도에 모든 시설을 사용할 수 있는데, 그 돈조차 아까운 가난한 요트 주인들은 그곳에서 멀찍이 떨어진 외진 곳에 앵커를 내리기도 한다.

　사방비치, 화이트비치 등이 주변에 있어 국내에서도 아주 잘 알려진 필리핀의 신혼여행지 겸 유명 휴양지다.

바탕가스항 여객선 편으로 푸에르토 갈레라 입항

2015년 1월 18일 표연봉 항해사와 제주 피닉스아일랜드 김선일 해양팀장이 수빅마리나에 정박해 있던 벗삼아호를 몰고 루방섬을 경유하여 1월 20일 오후 푸에르토 갈레라 요트 마리나에 도착했다. 선장인 내가 빠지고 다른 사람들 손에 벗삼아호의 휠이 맡겨진 것은 그때가 처음이었다. 마침 서울에 일이 있어 같이 항해를 못 하고 두 베테랑 친구에게 부탁하여 배를 가져가도록 한 것이다.

나는 따로 항공편으로 마닐라국제공항에 도착한 뒤 바탕가스항에서 여객선으로 푸에르토 갈레라에 들어가 그들과 합류했다.

우리 배 주변에는 다양한 나라에서 온 많은 요트들이 정박해 있었고, 곧 그 배의 선주들과 사귀게 되었다.

독일 요티 헨리는 남아프리카공화국에서 제작한 아샨티라는 37피트 카타마란을 가지고 있는데, 월 30만 원의 요트클럽 사용료를 아끼기 위해 멀리 떨어진 곳에 배를 묶어놓고 산다. 육지를 오갈 때는 배에 딸린 조그만 10피트 딩기(상륙용 고무보트)를 몰고 나와 내 배 근처에 있는 빈 부표에 묶어놓고 수상택시를 호출한다. 그는 사교성이 좋았고, 우리는 곧 친구가 되었다. 독일 방송국 PD 출신이다.

내 배 바로 옆에는 캐나다 출신 앤소니 주라비치의 배가 정박해 있었다. 이름만 보면 유대인이 분명했는데, 그래서 그런지 상당히 인색했다. 필리핀 여자친구와 둘이 배에서 살고 있는 그는 골프를 아주 잘 쳐서 근처 폰데로사 골프장 최소타수 기록을 가지고 있고, 요트클럽의 경리회계를 맡고 있다고 했다.

나중에 민다나오섬에서 필리핀 반군에게 납치돼 불행한 최후를 맞은 또 다른 캐나다인 존도 클럽 멤버로 수차례 폰데로사 골프장에서 같이 운동을 했던 친구다. 또 나보다 일곱 살 위 선장이 한 분 계시는데 경남 출신이었다. 미국에서 철선 한 척을 사서 혼자 이곳까지 항해를 한 의지의 한국인으로, 배는 멀찍이 세워놓고 육상에 집을 얻어 생활하고 있었다.

푸에르토 갈레라 요트 정박지

　내가 벗삼아 가족과 장거리 항해에 나섰을 때 다른 요트 여행자들
로부터 가장 많이 들었던 질문은 "왜 그렇게 도착하자마자 떠날 것
을 생각하는 항해를 하는가?"였다.

　사실 그랬다. 나는 무엇에 쫓기듯 도착하자마자 앞으로의 바다 날
씨를 분석하고 부족한 연료와 식량을 채우면서 언제 다음 기착지로
떠날 것인가부터 생각했다. 하지만 대부분의 요트 여행자들은 자기
가 목표로 한 항구에 도착하면 그곳에서 떠날 이유가 생길 때까지
여유롭게 생활 자체를 즐기며 지냈다. 그러기 위해 배를 타고 떠나온

것이었다.

무슨 차이일까? 우선은 그들과 배를 타는 이유가 달랐다. 그들은 생활이고 우리는 일회성 스포츠일 뿐이다. 우리는 출발 전 여정을 정하고, 모두들 빠듯한 일정을 쪼개어 배에 올랐기에 가급적 짧은 시간 안에 많은 곳을 가봐야 한다는 강박관념이 여정 전체를 지배했다. 마냥 느긋할 수만은 없는 것이다.

두 번째는 우리나라만 있는 지정학적 특성 때문이다. 사계절이 있다는 것과 전쟁의 위험이 상존하는 휴전 상태의 국가라는, 다른 나라에서는 찾아볼 수 없는 독특한 삶이 광복 후 70여 년 계속되어 한민족의 핏속에 유전자처럼 심한 조급증을 심어놓았다. 지금 있는 이곳이 우리가 영원히 있을 곳이 아니라는 생각이 우리를 늘 바쁘게 한다. 만날 때 헤어짐을 생각하고, 일어날 것을 생각하며 자리에 앉는 삶은 사실 철학적일지 모르지만 행복과는 거리가 멀다.

이곳에서 오래 머물며 나는 내 인생에 꼭 한 번, 그야말로 '생활 그 자체를 목표로, 생활이 또 다른 목표를 찾는 중간 여정이 아닌 생활'을 해보기로 마음먹었다.

정박지에서의 아침 스노클링

# 진정한 자유인

아침에 눈을 뜨자 창밖으로 맑고 푸른 하늘이 보였다. 이곳은 현재 겨울철이라 오전 10시까지는 날씨가 시원하고 쾌청하다. 정오 무렵 강렬한 햇살에 잠시 따갑고 끈적거리지만 오후 4시가 넘으면 다시 바람이 살랑살랑 불며 우리나라 초가을 날씨를 연상케 한다.

출근을 위해 방카선들이 온통 바닷물을 흐려놓기 직전의 마리나는 수심 7~8m에서 깊은 곳은 10m가 넘지만 너무 투명하여 작은 야광충까지 식별 가능하다. 밤새 가까운 해안까지 들어왔던 길고 굵은 트럼펫피시들도 산호초가 엉겨붙은 커다란 바위 주변에서 먹이를 찾아다니고, 굵기가 바다뱀만 해서 바다뱀과 구분이 잘 안 가는 갯지렁이들도 바다 밑을 기어다니며 숨을 생각을 안 한다.

수경에 오리발을 차고 바다로 뛰어든다. 바닷물의 온도는 25~26도로 약간 한기를 느낄 정도지만 막상 수영을 해보면 정말 상쾌하다.

해변 쪽 얕은 곳으로 가보면 아직 난바다로 나가지 않은 1~2m급 바라쿠다도 가끔 눈에 띈다.

큰 바위와 산호로 이루어진 암초 지대를 돌자 바로 눈앞에 엄청난 크기의 바다거북이 나를 보고 놀라 허우적거린다. 놀란 것은 나도 마찬가지였다. 잠깐 수영을 멈추고 지켜보니 유유히 깊은 바다 쪽으로 헤엄쳐 사라진다. 수경 주변의 얼굴 피부가 따끔거린다. 1cm도 안 되는 작은 해파리 종류가 생각보다 무수히 많아 얼굴을 스칠 때 쓰라리고 따갑다.

나는 배로 돌아와 계단에 설치된 샤워기로 대충 샤워를 했다. 이것으로 아침 운동은 끝. 콕핏에선 어제 담근 겉절이 김치가 익는지 냄

새가 제법 근사하다. 빵을 몇 조각 자르고, 버터를 발라 프라이팬에 굽고, 달걀도 몇 개 터트려서 익혔다. 버터에 굽는 빵 냄새가 포트 쪽 방을 하나씩 차지하고 자던 두 친구를 깨웠다. 우리는 분쇄기로 갈아서 내린 커피와 함께 맛깔스러운 아침 식사를 끝냈다.

그젯밤 자다가 개미에게 물린 팔꿈치 위쪽이 부어올라 벌겋게 변하고 열이 난다.

1월 초 수빅마리나에 처음 기착했을 때, 1차 항해를 무사히 끝낸 쫑파티를 하느라 고기도 굽고 온통 요리를 해 먹느라 배에 음식 냄새가 진동을 했었는데, 모두들 떠나고 보름 정도 배가 방치되어 있던 사이에 계류 줄을 타고 엄청난 숫자의 작은 불개미 떼가 배로 넘어

신선한 망고가 돋보이는 아침 식사

와 모든 것을 점령해버렸다. 라면 봉지는 있는 대로 구멍을 내고, 좋아하는 설탕도 다 퍼가고, 하여간 음식이 캔류 말고는 성한 것이 없었다.

살충제를 뿌리고 온갖 방법을 동원했지만 숫자만 줄지 어디에 숨어 사는지, 가만히 보면 새까맣게 벽을 타고 이동하는데 두 손 두 발다 들었다.

아주 작은 놈들이 독은 얼마나 매서운지, 또 왜 사람은 무는지, 물리기만 하면 부어올랐고, 버물리를 아무리 발라도 그때만 잠깐 시원할 뿐 효과가 거의 없다. 결국 물린 곳이 도져 몸살기까지 있었다. 미물이라고 얕볼 일이 아니다. 이 불개미 소동은 나중에 한국에서 여왕개미까지 말려 죽이는 지독한 약을 가져와서 몇 주간 지속적으로 투약한 후에야 겨우 박멸했다.

저녁때 이곳에 먼저 자리 잡은 J선장님이 우리 배에 들렀다. 앞에서 썼듯이 그는 나보다 연배가 한참 위인데도 혼자 미국에서 요트를 구입해 가지고 와서 이곳에 정착했다. 그야말로 못 하는 것이 없는 대단한 재주꾼인데, 정박해놓은 자기 배 근처 바다에서 키조개를 키우는가 하면, 배우기 힘든 경기용 오토바이를 배워 청년처럼 몰고 다닌다. 라면을 끓이고 좋은 일본쌀로 밥을 지어 막 익어가는 겉절이 김치를 반찬으로 대접해 드렸다.

홀로 향기 짙은 에티오피아산 커피를 한 잔 내려서 들고 브리지에 올라 밤하늘을 바라보니 행복감이 스멀스멀 밀려와 가슴속을 그득 채웠다.

돛을 올려 거친 바다를 달려보면

시간은 점점 느려지고

생각은 이윽고 한 점에서 머문다.

그렇게 찾아온 이언절사의 고요…

그리고 그 뒤에 숨은 통쾌함이 나를

다시 바다로 불러낸다.

정박지 전경. 중앙에 있는 배가 벗삼아호

# 용궁 엿보기

★

　코 앞 산안토니오 메디오섬의 안쪽 파니퀴아니섬을 마주보는 곳에 잘 발달된 산호밭이 있다. 위도 13도 31분 05, 경도 120도 57분 34, 깊이는 1~3m 정도다. 수많은 종류의 석산호와 각산호류 등 경산호초로 이루어져 있는데, 바다거북을 포함하여 수많은 물고기들이 이 산호밭에서 살아간다.

　보통 아침 10시경부터 관광객을 실은 방카선(좌우에 날개처럼 대나무를 매단 필리핀 전통 선박)들이 쉴 새 없이 스노클링 체험 손님들을 이곳으로 실어 나르는데, 우리 배가 정박한 장소에서 약 1해리(1.85km) 떨어진 곳이어서 딩기로 가면 15분 거리다.

　우리는 그들이 오기 전인 아침 7시 전후 이곳에 와서 근처 튀어나온 바위에 배를 묶어놓고 마음껏 산호밭을 구경했다. 큰 물고기들은 주로 밤시간에 이곳으로 와서 작은 물고기들을 사냥하고 날이 밝으

면 바로 옆 100m가 넘는 깊은 바닷속으로 숨는다. 일찍 가서 유영을 하다 보면 채 빠져나가지 못한 큰 물고기들을 볼 수 있다. 주로 바라쿠다 종류로 엄청 빠르고 절대 곁을 주지 않아서 사진을 찍을 겨를이 없다. 전갱이의 일종인 잭피시 떼도 수백 마리씩 수심 10m 권역에서 회유를 한다. 앵무고기라고 하는 좀 둔탁하게 생긴 물고기들도 상당히 많은데 덩치가 큰 놈은 30~40cm 정도 된다. 물론 물속에서 보면 더 커 보인다.

핀(물갈퀴)을 신고 스노클링을 하다 보면 수심이 엄청 낮아 50cm도 채 안 되는 곳을 통과해야 할 때도 있다. 할 수 없이 장갑 낀 손으로 산호초를 만질 수밖에 없다. 물론 기본은 촉수 금지, 하지만 복부

나 무릎이 산호초에 긁히는 것을 막으려면 할 수 없다.

멀리 큰 물고기들이 모여 있는 곳이 눈에 들어와 잠시 유영을 멈추고 바라다보았다. 갑자기 수심이 깊어지는 골 자리 벼랑이 하나 크게 자리 잡고 있는데 그곳에 손바닥만 한 크기부터 30여cm쯤 되어 보이는 파랑돔, 앵무고기, 노랑꼬리돔 등이 유영을 멈추고 여러 마리가 죽은 듯 떠 있다. 가만히 보니 그들 사이로 성냥개비 크기의 가늘고 긴 청소고기가 하늘색 줄무늬를 반짝이며 나풀거리듯 그들의 아가미와 입속까지 들락거리며 청소를 하고 있었다.

나도 몸을 고정하고 조용히 지켜보았다.

청소고기가 청소할 때는 법칙이 있었다. 우선 청소를 받을 물고기들의 색깔이 어두운 색으로 변한다. 그리고 45도 정도로 몸을 가로로 누인다. 그러면 청소고기가 몇 마리씩 청소할 고기 주변으로 몰려들어 아가미와 입속을 들락거리며 이빨 사이에 낀 찌꺼기들이며 기생충들을 쪼아 먹는다. 청소고기가 눈 주변을 쪼아대자 파랑돔도 그렇고 앵무고기들도 눈알을 이리저리 굴리며 작업을 돕는 광경을 보다 나도 모르게 웃고 말았다. 청소고기들이 작업을 끝내면 파랑돔, 앵무고기들은 다시 색깔이 화려하게 변하고 주변을 배회한다. 흔치 않은 귀한 광경이다.

산호초 사이사이에 수많은 작은 물고기들이 같은 종끼리 모여 오글오글 떠 있다가 내가 다가가면 일제히 산호초 가지 사이로 숨어버린다. 크기는 그야말로 실오라기 같은 놈들부터 큰 종류라야 손가락 한두 마디 정도, 모양새도 정말 다양하다. 그런가 하면 산호초도 사슴뿔처럼 가지가 많은 종류도 있고, 큰 대야를 닮은 것도, 큰 종이나 별 모양 등등 수백 가지가 있다. 오히려 연산호는 기껏 두세 종류에 불과하다. 말미잘처럼 생긴 연산호에는 우리에게 만화영화 「니모를 찾아서」로 잘 알려진 물고기 흰동가리가 몇 마리씩 고개를 내놓고 내 얼굴을 빤히 쳐다본다. 세로줄 돔 종류도 개체수가 많다.

그들도 군무를 추고 때로는 흩어져 노는데, 저 멀리까지 시야를 넓혀 쳐다보면 수만 마리가 산호밭 위에서 노는 모습이 마치 하늘에서 반짝이는 색종이를 뿌려놓은 것 같다.

가끔 바다뱀도 모습을 보인다. 검정색 바탕에 밝은 흰 세로줄이 특징인데, 한 번 물 위에서 호흡을 하고 내려가면 10분 정도는 산호밭에서 여기저기 구멍 속으로 머리를 틀어박고 사냥을 한다. 맹독이 있

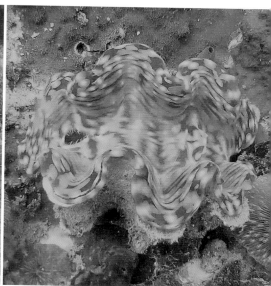

산호에 숨은 대왕조개

지만 독니가 입 안쪽 깊은 곳에 있어서 사람을 물기에는 역부족이다. 그래서 일본 최남단 이시가키 바다에서 스쿠버를 할 때 가이드가 바다뱀을 잡아 내밀고 우리에게 만져보라고 한 적도 있었다. 물론 난 '뱀' 자가 들어간 것들과는 상극이라 만지지 않았다.

한참을 바닷속 세상에서 놀다 고무보트로 올라오면 기진맥진 힘이 하나도 없다. 가져간 초코파이를 한두 개 먹고 나면 허기가 좀 가신다. 온 동네가 산호 군락지다. 우리 배가 정박된 마리나 쪽 해변으로 배를 몰고 갔다. 이곳은 대왕조개를 구경할 수 있는 곳인데 매일 아침부터 감시원이 붙어 누군가 조개를 훼손하지 못하도록 감시하는 초소가 있다.

달콤한 낮잠

    감시원의 양해를 구한 뒤 고무보트를 그들 초소에 묶어놓고 다시 풍덩 바닷속으로 뛰어들었다. 감시원이 손짓으로 방향을 알려준다. 천천히 유영하며 아래쪽을 보니 수심 15m 권역부터 띄엄띄엄 둥근 바가지 모양의 대왕조개 군락지가 펼쳐져 있다. 대략 20여 개 정도…. 군락지가 깊은 곳으로 줄지어 내려가며 희미하게 보인다. 숨을 크게 들이쉬고 자맥질하여 아래로 내려가본다. 나는 코를 잡고 이퀄라이징(감압)을 해봐도 무엇이 잘못됐는지 항상 귀가 아파서 7~8m 수심까지 내려가는 것이 고작이다. 바로 아래 직경 1m가 넘는 대왕조개가 입을 쩍 벌리고 있는 모습이 신비롭다. 이 정도 크는 데 몇 년이나 걸렸을까? 아마도 나보다 나이를 더 먹었을 수도 있겠지? 혹은 열 살 정도? 모를 일이다.

    해보지 않은 사람들은 잘 모르지만 물에서 고무보트로 올라오는 것도 쉬운 일이 아니다. 고무보트 옆을 잡고 힘차게 발로 물을 차며 솟구쳐올라 연속동작으로 몸을 끌어올려야 하는데 우리 같은 일반 체력의 중장년은 몸 어딘가에 경련이 일어나고 다칠 수도 있다. 남은 초코파이를 감시원에게 몇 개 건네주고 배로 돌아왔다.

　이제 누구의 방해도 없이 낮잠을 즐길 시간이다.

폰데로사 골프장. 바로 아래가 화이트비치다.

# 장미언덕의 결투

☆

다 점심때 피닉스아일랜드의 김 팀장, 표 항해사와 함께 딩기를 몰고 우리 배에서 서북쪽으로 올라가 백사장이 눈부신 해변에 배를 올려놓고 스노클링 장비를 챙겼다. 김 팀장은 나중에 은퇴하면 동남아 아름다운 바닷가에서 요트와 스쿠버를 주제로 리조트를 운영하고 싶어 이곳저곳 장소를 물색 중이었다. 마침 이곳에도 매물이 한두 군데 나와 있어 그중 하나를 보러 가기로 한 것이다. 물론 육상으로 이동해도 리조트를 볼 수 있지만, 지도상으로 확인해보니 딩기를 타고 근처 해변으로 간 후 헤엄을 쳐서 바다를 건너가는 것이 더 가까워 보여 바닷길을 택했다.

두 사람은 부리나케 우리가 상륙한 바다 반대쪽 해안으로 이동하고는 수영 베테랑답게 자유형으로 쭉쭉 바다를 가로지르기 시작했다. 나는 수영이 약해 언제나 물에 대한 공포가 있다. 성난 난바다에

폰데로사 골프장

돛배를 몰고 다니면서 수영을 잘 못한다고 하면 고개를 갸웃할지 모르겠지만, 그래서 아이러니하게 더 안전하다. 항상 최악의 경우를 가정해서 행동하기 때문이다.

핀을 신고 구명조끼까지 입고 스노클링을 시작했다. 바닥이 온통 고운 모래밭이다. 무릎 깊이 정도에서 갈대 비슷한 수초가 자라기 시작하고 허벅지 깊이에서는 밀생한 곳이 많다. 천천히 핀을 차며 깊은 곳으로 수초를 손으로 제치면서 이동을 하다가 나는 소스라치게 놀랐다. 수많은 바다뱀들이 수초 속에서 꿈틀대는 광경이 눈앞에 펼쳐져 있었다. 주변이 온통 뱀이었다. 어쩌나 놀랐는지, 그대로 허우적대며 뒤로 돌아 줄행랑을 쳤다. 세상에, 지금이 번식기인가?

멀리 갔던 두 친구도 상황이 이상했는지 열심히 수영을 해서 다시 내가 있는 곳으로 돌아왔다. 내가 그 이야기를 하자 모두들 뱀 구덩이를 헤엄치고 돌아다녔다는 것을 알고는 배로 돌아가자고 한다. 결국 바닷길로 가는 리조트 구경은 무산되고, 나중에 김 팀장이 혼자 육로로 리조트를 돌아보고 왔다.

점심을 먹고 J선장님과 김 팀장 그리고 폰데로사 골프장 챔피언인 캐나다 친구 앤소니와 함께 골프장으로 올라갔다. 높은 산중턱에 자리 잡고 있어 푸에르토 갈레라 전역이 한눈에 들어오는 전망 좋은 곳이다. 바로 위쪽에는 ZIP라인이 설치되어 있어 젊은 친구들도 자주 찾는다. 클럽하우스에서 보면 바로 아래 화이트비치가 있고 민도로섬 앞 베르드아일랜드 수로가 펼쳐져 있다.

모두 맥주를 주문해서 마시는 동안 나는 혼자 시설물들을 구경했다. 그곳도 명색이 골프장이라고 이것저것 로컬 룰로 정한 골프 규칙이 꽤 많고 멤버들의 활동을 기록한 기록물도 많이 전시해놓았다. 골프채를 빌렸는데 5번 아이언 그립이 놀고 피칭웨지가 샌드웨지보다 짧았다. 고려시대 유물처럼 스팔딩, 톱플라이트, 윌슨 등 요즘 골퍼들은 들어보지도 못했을 구닥다리 골프채만 나 같은 뜨내기 여행객을 기다리고 있었다.

표 항해사가 J선장님에게 나를 프로급 골퍼라고 소개해놓았기에 모두들 은근히 내 스윙을 보고 싶어 했다. 1번 홀에서 몇 달 쉰 어설픈 스윙으로 간신히 공을 페어웨이에 올렸다. 피니쉬도 임팩트도 없는 뭉개는 스윙으로…. 오히려 김 팀장은 기본이 잘 갖춰져 있어 멋지게 5번 아이언으로 200야드를 때렸다. 난 계속 실수를 연발하다 무너졌다. 형편없는 9홀짜리 퍼블릭 코스라고 우습게 봤다가 톡톡히 창피를 당한 것이다. 사실 거리도 짧고 또박또박 치면 스코어가 잘 나올 코스인데, 문제는 그런 상태가 엉망이고 생소해서 여러 번의 실전 경험이 없이는 좋은 스코어가 나올 수 없었다.

한겨울 골프를 쉬고 바다에서 돛배만 몰았는데 골프 스윙이 잘 되겠는가? 속으로 복수를 다짐하고 산을 내려왔다. 특히 '무슨 프로 같은 아마추어라더니 공을 그렇게 쳐?' 하는 듯한 앤소니의 표정에 조금 약이 올랐다. 그는 우리네 이야기로 '똥폼'이었는데도 제법 공을 맞추는 임팩트는 좋았다. 자기가 코스 레코드를 가지고 있는 데 대한 자부심이 대단했다.

몇 주 후 이야기지만, 동생이 서울에서 오는 길에 골프채를 가지고 왔다. 골프 가방에서 그 코스 세팅에 맞는 유틸리티 25도짜리를 한 자루 가지고 올라갔다. 다른 채는 골프장 것을 빌려서, 김 팀장만 빠

벗삼아호 살롱

진 같은 멤버끼리 다시 붙었다. 마지막 홀에서 이글퍼팅이 떨어졌으면 앤소니의 코스 레코드는 내가 갱신하는 거였다. 퍼팅한 공이 홀컵을 돌고 나오자 그가 안도의 한숨을 내쉬는 것을 봤다. 4언더를 치고 다시는 안 올라갔다. 호랑이가 마을에 내려가서 붙잡히면 동네 강아지들에게 업신여김을 당하는 법이니까.

며칠 후 표 항해사와 김 팀장이 귀국을 하고 나 혼자 남았다. 혼자 있어도 전혀 심심하지 않았다. 책을 읽고, 요리를 하고, 요트클럽 친구들과 어울리고, 수영을 배우고, 밤하늘의 별자리를 공부하고, 음악을 듣고, 글을 쓰고, 청소하고, 개미 박멸 작전을 수행하느라 하루하루 시간이라는 건 점점 의미가 없어지고, 나는 배와 일체화되는 과정을 겪으며 다시 태어나고 있었다.

나마스테호의 선상 파티

# 나마스테호의 선상 파티

    오후에 바다 쪽에서 바람이 살랑살랑 불자 살롱에서 쿠션을 하나 들고 플라이 브리지(선교)로 올라갔다. 이곳 마리나는 배를 정박용 무어링 볼에 고정한다. 이 때문에 급수와 육전 공급 같은 서비스를 해 주는 선진국형 마리나와 달리 에어컨을 사용하려면 배의 발전기를 돌려야 한다. 또 물은 물통으로 길어다 주는 현지 서비스를 이용해야 한다. 물론 가격은 아주 저렴하다.

    겨울철은 쾌청한 날씨가 계속되어 에어컨도 한낮이 아니면 별로 필요하지 않다. 우기 때 날씨는 아직 잘 모르지만 이곳에 온 이후 비 구경을 한 번도 못했다. 플라이 브리지는 바로 위로 지나가는 붐대가 햇살을 가려주기 때문에 편하게 누워 바다를 바라보며 낮잠을 즐기기엔 안성맞춤이다. 가끔 바람에 배가 돌아가 햇살이 얼굴을 비추면 슬쩍슬쩍 그늘로 자리를 옮기면서 뒹굴뒹굴하는 맛은 아무도 모를

나마스테호 선주 잭 브랜넬

것이다.

말 그대로 스트레스가 없는 삶이다. 건강 걱정, 돈 걱정, 사람 걱정, 나라 걱정…. 온갖 뉴스가 초단위로 우리의 눈과 귀를 어지럽히는 게 요즘 세상이다. 우리 뇌가 그런 많은 정보의 홍수에 대처하도록 진화하려면 못해도 한 1,000년은 걸릴 거다. 그래서 수많은 부작용이 일어나 조울증 환자들이 급증하는 건지도 모른다. 배에서의 생활은 그 반대다. 수평선은 생각이 끊기는 자리다. 사실 생각이 필요 없다. 몸이 반응하여 바다에 배를 맞추는 것이 항해다.

한참을 뒹굴뒹굴하다, 해가 떨어지면서 으스스 한기가 몰려와 콕핏으로 내려왔다. 잠깐만 있다 저 앞 카페 거리에 있는 프랑스 식당에서 오믈렛이나 사 먹고 오리라. 그런데 별안간 2행정 모터보트 엔진 소리가 우리 배 근처로 다가오다가 조용해진다. 몸을 반쯤 일으키고 내다보니 번쩍거리는 낯익은 대머리가 눈에 들어온다. 벌떡 일어나 달려나가며 소리쳤다.

"헬로, 잭!"

지난 1월 수빅마리나에서 만나 친해진 멋진 프랑스 요트 나마스테호의 잭이 온 것이다. 잭은 방금 도착했다면서, 선착장으로 프랑스 친구 둘을 태우러 가는 중이니 8시경 자기 배에서 저녁 파티를 하잖다. 멀리 마리나에서 1마일쯤 벗어난 곳에 돛대 두 개를 높이 세운 새하얀 나마스테호의 아름다운 모습이 눈에 들어왔다. 여기서 알게 된 독일 친구 헨리를 같이 데려가도 괜찮겠느냐고 물었더니 흔쾌히 같이 오라고 한다.

아샨티호 선주인 독일 친구 헨리

샤워를 하고 파티복으로 갈아입었다. 파티복은 치노 바지에 멋진 체크무늬 폴로셔츠다. 양말은 신지 않았다. 프랑스산 겐조 향수도 조금 뿌렸다. 딩기를 타고 어둠이 깔리는 바다를 내달려 헨리의 아샨티호가 정박된 곳으로 갔다. 이미 문자로 연락해놓았는데 뭘 하는지 꾸물거리며 아직 준비가 안 됐다며 나보고 먼저 가란다.

나마스테호에 도착하니 잭의 배에서 일하는 필리핀 미녀 세 명과 조금 전 잭이 육지에서 태워온 프랑스 영감 둘이 나를 반갑게 맞아준다. 모두 내가 어색해하는 프랑스식 포옹으로 인사를 대신한다. 하지만 볼록한 젖가슴을 가진 미녀 세 명과의 프렌치식 인사는 당연히 즐겁다.

45

나마스테호에서의 저녁 만찬

그의 배는 25억 원 이상 주고 2년 전 프랑스 보르도에 위치한 아델사에 주문 제작한, 돛대가 두 개 있는 스쿠너 타입 요트다. 헤드 세일도 두 개이고, 모두 전동 윈치를 이용해 스위치만 누르면 자동으로 돛을 펼치고 접을 수 있다. 따라서 크루 멤버는 아름다운 20대 미녀들만 써도 배를 움직이는 데 전혀 지장이 없다. 잭은 190cm의 훤칠한 키에 60대 후반의 진주 양식 사업가다.

잭의 진주 양식장은 이곳에서 조금 떨어진 팔라완섬 근처에 있고, 두 아들을 위해 섬을 구입하고 리조트를 지어 운영한다. 전용 헬리콥터도 두 대나 소유하고 있는데, 직접 조종하며 날아다니는 보기보다 큰 부자다. 프랑스 보르도에 와이너리를 가지고 있고, 세계 여러 나라 주요 도시에서 진주를 판매하는 보석 가게 체인도 운영 중이다. 인도와 동양사상에 심취해 필리핀 명상가 salliji로부터 명상 공부를 하고 그녀의 저서 『cosmic arrangement』라는 책을 직접 출판하기도 했다.

그의 배는 고급 티크 나무로 실내를 치장했다. 놀랍게도 엔진룸 바닥에 흰 카펫을 깔아놓았다. 매일 세 명의 아리따운 아가씨들이 쓸고 닦는데 먼지가 있을 턱이 없다. 배의 크기가 5×18m, 선실 3개에 화장실 3개, 멋진 마호가니 식탁과 보관된 고급 와인만 300병, 거기에 한 시간에 200리터씩 바닷물로 식수를 만드는 조수기까지…. 그런데 지금 그 조수기가 문제가 생겨 식수를 못 만들고 있단다. 내가 그쪽에 약간의 지식이 있어 기계를 좀 보여달라고 했다. 마침 아샨티호의 헨리도 도착했다. 내가 인사를 시켜주었는데 그들은 인사하자마자 서로 프랑스어로 이야기를 한다. 헨리는 독일 남부 지방에서 방송국 PD로 근무했던지라 당연히 프랑스어를 능숙하게 구사한다.

조수기를 보니 프랑스산 기계다. 내 배에 있는 미국산 뉴포트와 같은 역삼투압 방식으로 되어 있는데 대부분의 부품이 전자식이어서 누가 손을 대서 고칠 성격의 기계가 아니었다. 헨리도 자기 배에 기계식 조수기가 있어 기본적인 지식은 있을 터. 하지만 그도 손을 떼고 만다. 공연히 건드렸다가 작은 고장을 크게 키울 수도 있는 것이다.

본격적으로 최고급 와인을 곁들인 저녁 식사가 시작됐다. 전채 요리에는 연어가 나왔다. 잭은 일일이 준비한 와인의 오리진을 설명했다. 일전에 나는 수빅마리나에서 그의 배에 소장된 와인들의 높은 품격을 경험했기에 담담했지만, 헨리는 연신 감탄사를 연발하며 그랑크루급 수십만 원짜리 와인을 마시게 된 것을 기뻐했다.

주요리가 나오기 전까지 예전 그의 배에서 맛본 프랑스 치즈와 크래커, 각종 견과류가 나왔다. 주요리는 쇠고기 스튜와 열대 과일이었다. 와인은 식사를 시작한 지 한 시간도 안 돼 여섯 병이나 비워졌다. 모두 풍미가 일품인 레드 와인 종류였는데, 톡 쏘는 타닌의 강한 맛

프랑스 친구 마틴

에 낙엽향 물씬 풍기는 드라이한 카베르네 소비뇽의 싱글오리진 와인들이 대부분이었다.

두 프랑스 노인 마틴 씨와 자비에 씨가 어쩌나 야한 농담을 즐기는지, 식사도 시작하기 전부터 본격적으로 사람들을 웃기기 시작했는데 어떤 때는 자기들끼리 프랑스어로, 어떤 때는 나와 필리핀 아가씨들을 위해 영어로 같은 이야기를 두 번씩 해주며 마치 수년간 사람 구경을 못해본 사람들처럼 이야기보따리를 풀어냈다.

와인은 생각보다 독했다. 새로운 와인병을 오픈할 때마다 맛을 보느라 조금씩 마셨는데도 취기가 슬슬 올라오다 어느 순간 정신이 몽롱해져서 얼른 뱃전으로 나가 스테이줄을 붙잡고 바람을 쐬며 심호흡을 했다. 나온 김에 시원하게 소변을 보며 멀리 요트클럽 쪽을 보니 검은색 배들은 늦은 밤 바다 쪽에서 불어오는 미풍에 뱃머리를 가지런히 하고 깊이 잠들어 있었다.

자정이 넘은 시간인데도 자비에 씨의 걸걸한 목소리 중간중간에 일제히 웃어젖히는 친구들의 웃음소리가 아래층 선실에서 끝없이 흘러나오고, 문득 올려다본 하늘은 언제나 그렇듯 수많은 별들이 반짝이며 이 밤을 밝히고 있었다.

# 사방비치의 포트리스

⭐

　지난번 잭 브랜넬의 나마스테호에서 만났던 프랑스 영감 자비에 씨가 헨리와 나를 사방비치가 보이는 벼랑 끝 그의 저택으로 초대했다. 우리는 날짜와 시간을 맞춰 택시를 타고 저녁 식사 시간에 그의 초대형 저택을 방문했다. 알고 보니 그는 토탈이라는 유명한 프랑스 정유회사 임원으로 근무할 당시 LNG선을 발주하기 위해 삼성중공업과 대우조선이 있는 거제도를 수시로 오갔던 한국통이었다. 이곳 필리핀에서 자신보다 40년 어린 여자친구와 유유자적 살고 있는 여든의 노신사로, 나를 특별히 집 안 이곳저곳을 보여주며 안내한다.

　벼랑 꼭대기 2만여 평의 대지에 게스트하우스 세 채가 정문에서 벼랑 쪽으로 지어져 있고, 그가 사는 본채는 절벽 바로 앞 100평 정도 되는 단아한 2층 건물이었다. 벼랑 쪽에 넓은 수영장을 만들어, 수영을 하면서 바로 아래 만곡진 넓은 바다와 멀리 사방비치 쪽 동

자비에 영감님 저택

네를 조망할 수 있게 해놓았다. 집에서 동쪽 저 벼랑 아래까지가 자기 소유인데 이 절묘한 대지를 1980년도 중반에 이미 사놓았다니, 우리와는 차원이 다른 사람이다.

저 아래쪽 헬기 착륙장에 붙은 축사처럼 생긴 건물에서 메추리를 사육하는데, 필리핀 메추리는 맛은 좋지만 크기가 작아서 자기가 직접 몸집이 큰 프랑스 메추리를 가져다가 품종 개량을 했단다. 크기도 크고 맛이 좋다며 다음에 오면 꼭 그 맛을 보여주겠다고 한다. 유럽 친구들의 메추리 고기 사랑은 특별하다.

식탁은 바다가 훤히 보이는 벼랑 쪽 정원에 차려졌다. 여주인인 그의 어린 여자친구가 주방에서 메이드 두 명과 음식을 준비하고 있었

다. 요리 냄새가 달콤하고 멋지다. 그런데 조금 있자 위쪽 게스트하우스에서 묵고 있다는 훤칠한 젊은 사내가 다가왔다. 이곳에 가끔 와서 휴가를 보내는 프랑스 영화배우라고 자비에 씨가 소개해주었다.

서로 악수를 나눴는데, 이름을 이야기해줬지만 어려워서 금방 잊었다. 내 직함은 라군440의 오너로 소개되었다. 프랑스 친구들은 라군 카타마란을 대부분 알고 있고 그 배를 소유하는 것을 큰 영광으로 안다. 결국 잘났든 못났든 라군 카타마란을 소유하고 대양 항해에 나섰다면 사회적으로 갖출 것을 갖춘 용기 있는 사람으로 좋게 봐주는 것이다.

위층에서 자비에 씨가 초대한 다른 두 명의 남녀가 내려와 식탁에 앉았다. 둘 다 필리핀 친구들인데, 50대 후반으로 보이는 남자는 필리핀에서 가장 명망 있는 영화감독이란다. 나중에 인터넷으로 찾아보니 최근 한국 영화를 신랄하게 비판해서 곤욕을 치른 에릭 마티 감독이었다. 여자도 나이가 그쯤 되어 보였는데 이곳 필리핀에서 환경운동을 하는 국제기구의 여회장이란다.

모두 착석하자 샐러드가 나왔다. 현지에서 잡은 멸치를 살짝 익혀 허브 소스를 뿌린 후 각종 채소와 함께 버무린 것으로, 허브 향은 독특했으나 내 입에는 약간 비린내가 났다. 나는 바삭하게 구운 바게트와 채소를 주로 먹었다.

식사 중 자비에 씨가 기왕에 프랑스, 한국, 독일 그리고 필리핀 사람이 국제적으로 모여 식사를 하게 되었으니, 각자 자기가 아는 제일 웃기는 이야기를 하나씩 선정해서 발표하면 어떻겠느냐고 제안했고, 모두들 좋다고 했다.

고 자비에 옹

자비에 씨가 먼저 시작했다. 예전 프랑스의 TOTAL사 직원들을 놀려 먹은 이야기였는데 우리는 모두 배를 잡고 웃었다.

수년 전, 저 언덕 아래 자비에 씨가 만들어둔 헬리포트에 TOTAL사 임원들이 탄 헬기가 도착했다. 자비에 씨가 언덕 위에서 그들을 마중하러 나가 있는데, 마침 바다 쪽을 보니 이곳에서도 아주 보기 어려운 돌고래 떼가 출현하여 점프를 하며 놀고 있었다. TOTAL사 친구들에게 바다 쪽 돌고래를 손가락으로 가리키자 모두들 돌고래 떼를 보며 환호했다. 그때 자비에 씨가 돌고래 쪽을 보며 "조세핀, 점프! 그래, 다음 조셉 점프…" 하며 마치 자기가 키우고 조련하는 돌고래들인 척 연기를 했더니 모두들 정말인 줄 알고 신기해하며 경탄을 하더라는 이야기였다.

나는 예전 독일 친구에게 들은 '다이어트로 돈 버는 체육관' 이야기를 들려주었다. 뚱뚱한 독일 친구가 뮌헨의 거리를 걷는데 길가 체육관에 '1시간 5kg 감량 단돈 50유로, 실패 시 100유로 환불'이라는 간판이 눈에 띄었다. "1시간에 무슨 5kg 감량? 웃기네" 하며 도전했다. 50유로를 내고 체육관에 들어가니 건너편에서 문이 열리며 엄

자비에 옹 자택에서의 저녁 만찬. 왼쪽 친구가 필리핀 영화감독 에릭 마티

청 몸매가 잘 빠진 젊은 여자가 홀랑 벗고 나오더니 "나 잡으면 당신 거!"하며 달아나기 시작했다. 그 여자를 잡으려고 뛰는데 어찌나 빠른지 1시간이 지나도 잡지 못하고 헛바닥만 나왔다. 시간이 되어 체육관 관장이 문을 열고 저울에 올라가보라고 해서 올라갔더니 정말로 5kg이 감량되어 찍소리도 못 하고 나왔다.

　며칠 후 친한 친구를 만나 그 이야기를 했는데, 그 친구는 단거리 선수 출신이었다. 그가 체육관 주소를 물어보더니 총알처럼 체육관으로 달려갔다. 그런데 간판이 변해 있었다. '5kg 빼는 데 성공하면 100유로, 못 하면 200유로 변상'이라고. 그는 싱긋 웃고 100유로

셀카 한 장

를 내고는 몸무게를 잰 다음 팬티만 입고 체육관 문을 열고 들어갔다. 그 순간, 뒤로 문이 철컥 하며 잠기더니 반대쪽 문이 열리며 엄청 덩치가 크고 짐승 같은 근육질의 남자가 들어서면서 "너 잡으면 내거!" 하더니 쫓아오기 시작하는 것이었다. 그가 뛰어 달아나는데 상대도 엄청 빨라서 조금만 천천히 뛰면 꼭 잡힐 것 같았다. 1시간을 도망다니다 간신히 누가 문을 열어줘서 나와 몸무게를 재어보니 5kg이 빠져 있었다는 이야기다.

우리는 여러 가지 필리핀 현지 요리와 호주산 양고기구이를 먹으며 서너 시간 즐거운 한때를 보냈다. 게스트로 참가한 여성 환경운동가는 무분별한 세제 사용이 이곳 산호초를 어떻게 파괴하는지 해박한 화학적 지식을 들어 우리들에게 상세히 설명했고, 에릭 마티는 필리핀에 만연한 밀수 문제를, 헨리는 요트를 폴란드에서 온 커플에게 단기 임대 운영하면서 본 재미있는 경험담을 이야기했다. 물론 중간중간 나오는 야한 농담이 와인의 풍미를 더 짙게 만들었음을 부인할 수 없다.

자비에 씨는 지난해 일본에 가서 교황을 알현했던 이야기를 들려주었다.

지난번 교황이 한국과 일본을 방문했을 때 교황청에서 그를 귀빈 자격으로 일본에 초청해 교황을 만날 수 있었는데, 교황이 직접 "교황청은 아직도 자비에 씨 가족이 어떻게 로마 교황청을 헌신적으로 도와주었는지 그 은혜를 기억하고 있다"고 강조했단다. 아마도 서기 1300년경 프랑스가 교황청을 좌지우지하던 때인 아비뇽 유수와 관련이 있었던 것은 아닌지 추측해본다. 자비에는 영어로 'xavier'인데, 그때까지 내가 아는 유일한 자비에는 영화 「엑스맨」에 나오는 자비에 교수였다.

저녁 식사를 끝내고 돌아가면서 그의 노년의 삶에 대해 생각해보았다. 과연 나는 그런 삶을 살 수 있을까? 그는 일찍이 20년 전인 60대 초반 은퇴하고 이곳에 저택을 지어 필리핀 고위 공무원이나 저명인사들과 교류하고 젊은 처자들과 마지막 인생을 즐기며 자기만의 세상을 살고 있었다. 물론 후일담이긴 한데, 저택의 게스트하우스는 이미 여자친구에게 주었기 때문에 여자가 헌신적이라는 이야기도 들렸다. 그런 삶도 나쁘지는 않은 것 같다. 우리 정서에는 맞지 않지만 지리적·정치적 유대감이 점점 허물어지는 세상에서 사실 가장 중요한 건 진정한 개인의 행복 아닐까?

모를 일이다.

이 단원에 붙여서, 자비에 씨가 2019년 초 암으로 세상을 떠났다는 헨리의 메일을 받았다. 멋졌던 자비에 씨의 명복을 빈다. 그가 키운 메추리 요리를 맛보며 또 한 번 그의 구수한 프랑스식 야한 농담을 들을 수 있기를 바랐는데 영원히 어렵게 되었다.

# 스쿠터 육상여행

⭐

　표연봉 항해사가 제주에서 배로 돌아온 후 우리 둘은 비로소 본격적인 푸에르토 갈레라 탐사에 나섰다. 표 항해사는 언제나 내가 배를 공부하는 데 도움이 많이 되는 좋은 선생이자 모험정신이 투철해서 배울 것이 참 많은 친구이기도 하다.

　우리는 사방비치로, 화이트비치로 여기저기 구경하며 쏘다녔다. 사방비치 쪽은 한국인 관광객이 많이 와서 스노클링과 스쿠버다이빙을 즐기는 곳이다. 비치라고 하기에는 백사장이 상업시설로 가득차 형편없고, 해변에서 바로 100m쯤부터 스쿠버 체험을 위한 교육이 이루어진다. 물은 그리 맑지 않고 바닷속 산호초의 훼손이 심해서 이곳에 대해 조금이라도 아는 친구들은 잘 가지 않고 관광객들만 가는 곳이다. 그러나 알고 보면 골목골목 숨어 있는 맛집도 많고 마사지도 저렴하게 받을 수 있다.

요트클럽 앞의 로큰롤 카페

표 항해사는 종교적인 이유로, 나는 개인적인 신념 때문에 그곳에
있는 동안 한 번도 여자를 가까이하지 않았다. 농담 삼아 표 항해사
에게 여자를 권하는 이야기를 해도 농담으로 듣고 흘릴 뿐이다. 나
는 나이가 있어 그렇다고 해도 그의 신앙심은 대단하다. 참고로 독일
친구 헨리는 일주일에 한두 번 여자들을 고무보트에 태워 자기 배에
데리고 들어간다. 나와 얼굴이 마주치면 겸연쩍은 표정으로, 자기도
남자라 그럴 수밖에 없다고 어깨를 으쓱하며 양해를 구한다. 사실 그
런 일은 지극히 개인적인 문제라 내가 참견해서도 안 되고, 또 그가
내게 멋쩍어할 필요도 없다.

화이트비치는 백사장이 좋고 바다가 탁 트여 있어 신혼여행객과 젊은 커플들이 많이 찾는 곳이다. 마찬가지로 해변을 따라 각종 음식점, 마사지 숍, 숙박시설들이 빼곡히 들어차 있고 야간에는 해변에서 폭죽놀이와 캠프파이어가 수시로 벌어진다. 햇볕은 따갑지만 습도가 낮아 그늘 밑은 상쾌하다. 화이트비치 앞 모래밭에 배를 정박하고 하룻밤 자보려고 마음먹었는데 결국 실행에 옮기지는 못했다.

며칠 후 우리는 스쿠터를 빌려 타고, 동쪽 해안을 따라 칼라판 하이웨이를 이용해 칼라판까지 스쿠터 여행을 했다. 아침에 출발해서 달리기 시작했는데 칼라판 하이웨이라고 해야 2차선 시골길에 그나마 포장이 된 곳은 절반도 안 돼서 오가는 차량의 매연과 먼지를 직접 뒤집어써야 한다. 산을 몇 개 넘고 마을도 몇 개 지났다. 중간에 국수 비슷한 것을 사 먹었는데 우리 입맛에는 맞지 않았다. 두어 시간 걸려 칼라판에 도착했다.

칼라판은 인구 수 1만 명 규모의 소도시였는데, 제법 큰 항구가 있어 민도로섬에 오는 대부분의 화물을 받아내는 역할을 하는 것 같았다. 시내를 돌아보다가 KFC를 발견하고 그곳에서 늦은 점심을 해결했다.

돌아오는 길에 재미있는 사건이 있었다. 푸에르토 갈레라까지 10여km 남은 산언덕 길을 신나게 내려오는데 2차선 포장도로를 막고 있는 바리케이드가 눈에 띄었다. 아무 생각 없이 속도를 줄이지 않고 양쪽 차선에 걸쳐진 바리케이드 사이로 통과해서 내달렸다.

문득 오른쪽의 초소 같은, 바나나무 껍질로 만든 오두막에서 사

스쿠터 대여숍

람이 나오는 것을 봤지만 설마 나를 세우는 거라고는 상상도 못 했다. 그렇게 10분쯤 달렸는데, 뒤를 보니 표 항해사가 안 따라온다. 나무 그늘에 스쿠터를 세우고 한참을 기다려도 소식이 없다. 다시 찾으러 가보려고 하는데 그가 내려왔다.

그 바리케이드가 마을과 마을을 가르는 경계선으로, 우리 돈 1,000원 정도를 통행세로 받는다는 것이었다. 이상한 건 우리가 칼라판으로 갈 때는 분명 바리케이드가 없었다. 아니, 세상에 마을과 마을 경계에 바리케이드를 치고 통과하는 사람에게 통행세를 받는 나라가 어디 있나? 고속도로도 아니고, 아스팔트도 형편없는 시골

산길에. 한국 사람이라고 그래도 봐줬단다. 옛날의 산적들이나 마찬가지인 셈이다. 21세기에 이런 나라가 존재하다니, 참 대단하다.

배로 돌아가기 전에 스쿠터를 반납하고 선착장 근처 정육점에서 야자 껍데기로 만든 숯과 함께 돼지고기를 한 근 넘게 샀다. 숯은 한 봉지에 우리 돈 1,000원 정도, 생돼지고기는 1kg에 3,000원 정도로 우리 입장에서는 저렴하지만 현지인들 입장에서는 꽤 비싼 편이다.

쌀을 씻어 압력밥솥에 안치고 돼지고기를 굽기 시작했다. 우선 바비큐 장비를 승선용 계단에 비치한 후 적당히 숯을 넣고 가스 토치를 켜서 불을 붙였다. 어느 정도 불이 붙은 것 같아도 조금 더 숯의 아래쪽을 가열하여 3분의 1 정도 숯이 달구어져야 한다. 너무 일찍 토치질을 멈추면 연기만 나고 고기를 맛있게 구울 수 없다. 이런 것이 모두 실전에 필요한 정말 중요한 공부다.

돼지고기를 손바닥 절반 정도 크기로 자르고 정제 소금과 후춧가루를 약간 섞어 굽기 30분 전쯤 적당히 밑간을 해놓는 것이 좋다. 물론 숯불구이는 소금을 살살 직접 뿌리며 구우면 더 맛있지만 골고루 뿌리기가 어렵다. 알루미늄포일을 적당히 잘라 네 귀퉁이를 약 2cm 높이로 접어서 육즙이나 기름이 새지 않게 15×20×2cm의 사각 그릇 모양으로 만든다. 달구어진 숯불에 알루미늄포일로 만든 사각 그릇을 올려놓고 준비한 돼지고기 두 점을 올려놓는다.

고기가 지글거리며 익기 시작할 때 눌어붙지 않도록 가급적 자주 뒤집어주며 노릇노릇 익힌다. 그래야 육즙이 덜 빠져나오고 고기가 맛있다. 기름이 많이 나오지만 알루미늄포일 덕분에 숯불로 떨어지지 않아 연기가 나거나 불이 붙는 일이 없어 깔끔하게 고기를 구울

선상 바비큐

수 있다. 어느 정도 익으면 가위로 먹기 좋게 자른 다음 알루미늄포 일은 치우고 석쇠 위에 올려 잠깐 구워주면 노릇노릇 육즙이 밴 채 숯불 향기가 좋은 돼지고기 바비큐를 만들 수 있다.

갓 지은 밥과 바비큐, 그리고 상추와 고추장, 무엇보다 싱싱한 채 소와 까나리액젓으로 버무린 벗삼아호 특선 겉절이까지, 진수성찬 이다. 더더욱 해가 떨어지는 바다에 정박된 44피트 요트 위 저녁 식 사는 말해 무엇하랴!

# 통쾌한 청소

☆

아침 식사를 마치고 멍하니 주변의 아침 풍경을 바라보고 있었다.

아침이면 등교하는 학생들, 출근하는 사람들이 댓 명씩 혹은 열댓명씩 각각 크고 작은 배를 타고 멀리 떨어진 사방비치 쪽으로 움직인다. 갑자기 우리 배 옆으로 총알같이 내달리는 조그만 배들의 앙칼진 쌍기통 엔진소리와 파도에 흔들려 잠이 깼다. 이곳 요트 정박지 쪽으로는 일반 배가 통행할 수 없지만, 조금이라도 직선거리를 가려고 하는 것이 인지상정이라 모두들 질러 다닌다. 육상으로 가면 1마일 정도 가깝지만 트래픽이 걸리고 먼지를 마시며 언덕 넘어 울퉁불퉁한 길을 가야 하지만, 배로 가면 상쾌한 바닷바람을 마시며 비교적 편하게 달릴 수 있어 모두들 뱃길을 선호한다.

햇살이 퍼지고 슬슬 외기 온도가 올라갈 때쯤 화장실에 들어갔다. 포트 쪽(배의 왼쪽)은 안 그런데 내가 사용하는 스타보드 쪽(배의 오른쪽)

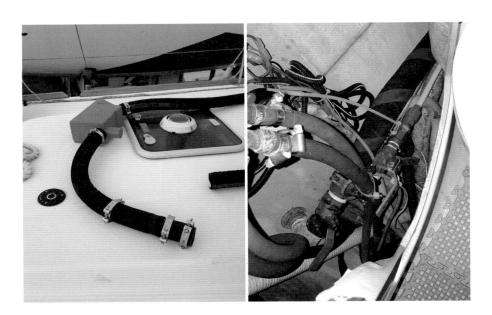

화장실 배관과 배출 밸브

화장실에서 언젠가부터 상쾌하지 않은 냄새가 올라왔다. 온갖 향수며 방향제를 뿌려도 냄새가 쉽사리 없어지지 않는다. 아무리 화장실 구조를 살펴보고 물로 세척을 해도 오래된 대변 냄새 같은 것이 슬금슬금 피어오른다. 참 이상하다.

　배의 화장실은 영어로 헤드라고 한다. 변기에서 볼일을 보고 전동 스위치를 배출 쪽으로 돌리면 변기 아래쪽 분쇄기가 변기 안 내용물을 잘게 부순 다음 물과 함께 블랙 탱크라는 변기 탱크로 내보낸다. 변기 탱크 아랫부분은 밸브가 달려 있는데, 이게 열려 있으면 자연 압력에 의해 바다로 뚫린 배출구로 내용물이 버려지는 구조다. 물론 법적으로 항내에서는 이 블랙 탱크 밸브를 꼭 닫아놓았다가 나중에 수거 차량으로 퍼내든가, 혹은 배를 몰고 육지에서 5해리(약 9.25km) 떨어진 바다에 가서 배출하도록 되어 있다. 하지만 이건 잘 지켜지지 않는다. 대부분 밸브를 열고 사용한다.

우리 배도 마찬가지였다. 화장실에 앉아서 일을 보다가 문득 이 화장실 밸브들이 잘 가동되는지 확인해보기로 했다. 물을 내리기 전 배출구 쪽에서 오물이 잘 나오는지 표 항해사에게 한번 지켜보라고 했다. 물을 내렸는데 엉뚱한 곳에서 오물이 나온다고 한다. 내가 확인해보니 오버플로 배출구로 오물이 나오는 것 같았다. 이번에는 내가 확인을 위해 뱃전에서 대기하고 표 항해사가 화장실에서 배출 스위치를 가동해봤는데 역시 오버플로 파이프 쪽으로 배출이 된다. 이건 블랙 탱크의 아래쪽 정상적인 밸브가 막혀 있어 탱크가 꼭대기까지 다 찼고, 그 결과 탱크가 넘칠 때 사용되는 비상 배출구로 오물이 흘러나오는 현상인 것이다. 무엇이 탱크의 배출구를 막았을까? 알 수 없다. 반대쪽 포트 화장실을 점검해보았다. 두 군데 모두 정상이었다.

막힌 배출구를 뚫어야 하는데 마리나 안에서는 불가능하다. 일단 계류 줄을 풀고 배를 몰아 5해리쯤 떨어진 수심 500m 지역까지 1시간 정도 항해 후 배를 세웠다. 마침 정조 시간이 조금 지나서 해류는 약했다.

나는 파이프의 2차 파손을 막기 위해 고무망치를 준비했고, 화장실 하부 작업 공간을 열어놓고 기다렸다. 표 항해사가 핀을 차고 3mm 굵기의 철사 줄을 30cm 정도 준비해서 바다로 뛰어들었다. 서로 신호를 주고받으며 나는 안에서 찌들어서 붙어버린 밸브 손잡

65

이를 열었다 닫기를 반복하며 고무망치로 배출 스위치와 그 위아래 약 50cm 정도를 부드럽게 두드리기 시작했고, 표 항해사는 배 밖에서 배출용 구멍에 철사를 삽입하여 조금씩 돌리기 시작했다. 한 5분쯤 작업하던 중 갑자기 픽! 하며 막혔던 파이프가 뚫리면서 1,000리터가 넘는 오물이 쏟아져나오기 시작했다.

순발력이 있어 간신히 똥 벼락을 피한 표 항해사가 배로 올라오는 동안에도 고약한 냄새가 장난이 아니었다. 도대체 언제부터 막혀 있었을까? 해수 펌프를 설치하고 바닷물을 끌어올려 탱크를 채웠다가 다시 밸브를 열어 탱크에 찬 물을 배출하는 작업을 두어 번 하고 나니 드디어 탱크 청소가 끝났다. 반대쪽 화장실 두 개의 탱크도 같은 방법으로 청소한 후 다시 마리나로 돌아왔다.

사실 배를 잘 알고 화장실 사용법을 배운 사람들이 쓸 때는 문제가 없지만 일반 사람들이 육상의 화장실을 쓰듯 변기에 화장지를 마구 버리면 탱크는 무조건 막힌다. 또 화장지도 물에 잘 풀어지는 것을 써야 한다. 그렇게 배는 정교하게 제작되고, 그만큼 모든 부품이 민감하다.

2013년 직류 발전기를 미국에서 구입하여 배에 설치할 때 화장실 배관을 모두 교체한 적이 있었다. 블랙 탱크의 on/off 밸브도 그때 바꿨다. 그런데 프랑스제 정품은 가격이 워낙 고가라서 일반적으로 파는 차단 밸브를 설치했는데 수명은 2~3년이라고 했던 기억이 났다. 역시 이래서 정품을 설치하는 것이 필요했었나?

사람 사는 이치도 이와 비슷하다. 싼 게 비지떡이고, 기본에 충실해야 한다.

# 갑옷을 벗어던져라

★

250만 년 전 아프리카를 떠난 인류의 조상은 현대의 호모사피엔스로 진화하기까지 수많은 변화를 겪었다. 그렇지만 그중 시종일관 지니고 있는 유전적 특질이 바람을 피우는 유전자와 게걸스럽게 먹는 유전자다. 게걸스럽게 먹는 유전자는 당연하다. 냉장고도 없고 아직 인류가 먹이사슬의 정점에 있기 전이었으므로 음식만 보면 닥치는 대로 먹어치웠다. 그 버릇이 아직 남아 있어 현대의 치명적 질병인 비만으로 발전한 것이다.

바람을 피우는 유전자는 오히려 그렇지 않는 것이 더 이상할 정도다. 일부일처제가 처음 도입된 것은 1,600만 년 전쯤으로 알려져 있다. 사회적 일부일처제는 오래되었지만 진정한 일부일처제는 불과 최근의 일이다. 우리 몸속에 흐르는 바람기를 잠재우는 것은 쉽지 않은 문제다.

　사회적인 규범과 도덕적 잣대가 너무 엄격하여 누구도 드러내서 이 문제를 노출하지 않지만, 얼마나 심했으면 '십계명'에서도 열 가지 계율 중 두 가지나 이 문제를 집어넣어 경계를 했겠는가. '남의 아내를 탐하지 마라'와 '간음하지 마라'가 바로 그것. 하느님도 인간의 본성인 이 문제로 아주 많이 고민하셨음을 알 수 있다.

　이스라엘의 위대한 왕 다윗은 어느 달밤 성 위에서 내려다보다가 목욕하는 유부녀 밧세바의 자태에 끌린다. 결국 그녀의 남편을 전장으로 내몰아 죽게 만들고 그녀를 취해 아이를 낳았는데, 그가 이스라엘의 가장 지혜로운 왕 솔로몬이다. 지금 시각으로 보면 사형을 당하거나 적어도 무기징역감 아닌가. 그런데도 이 범죄를 하느님의 축복이니 진정한 참회니 하며 기독교에서는 오랫동안 우려먹고 수많은

종교음악의 주제로도 써왔다.

어쨌든 그래서 인간은 바람을 피운다. 나는 결혼 후 아내 아닌 다른 여자들의 얼굴도 잘 쳐다보지 않고 지냈다. 바람도 피우지 않고 흔하디흔한 술집이나 룸살롱도 다녀본 적 없이 살았다. 유전적 본능을 이겨내면서 살았는데, 배를 타고 필리핀에 도착했을 때 요트클럽의 다른 멤버들의 삶을 바라보면서 충격에 빠졌다. 모두들 젊은 필리핀 여자들을 한 명씩 데리고 살았다. 심지어는 나이 차이가 40년 이상 나는 커플들도 많았다. 저마다 행복해하며 나를 놀려먹는다. "이런 곳이 천국 아닌가?"라고. 맞는 말이다.

아이러니하지만, 터놓고 얘기하면 본능대로 살 수 있고 경치 좋고 기후 좋은 그곳이 '가진 자'들의 천국이다.

플라이 브리지에서 바라본 벗삼아호 정박지

물론 요트를 가지고 있다고 모두 가진 자는 아니다. 2,000만 원짜리 요트에서 일생을 보내는 거렁뱅이 같은 요티도 많으니까. 그런데 푸에르토 갈레라에서 만난 친구들은 대부분 그럴싸한 삶을 살고, 그래서 성직자처럼 사는 내 입장에서 보면 부러울 수밖에 없다. 못 할 것도 없는데 하지 못하는 것은 내게 바람을 피우는 유전자가 없었기 때문일지도 모른다. 아니면 일상의 굴레에서 뛰쳐나갈 용기가 없었을까?

사방비치 쪽에 나가보면 수많은 마사지 숍이 있고 여자를 공급해주는 곳도 많다. 나는 그 여자들의 얼굴에 흐르는 역한 분위기와, 미안한 이야기지만 우리말로 천박스러운 그녀들의 표정을 보면 만정이 떨어져서 견디지 못한다. 하지만 직업에 대한 선입견은 오히려 다

한결같이 잔잔한 천혜의 묘박지

른 사람들보다 없는 편이다. 어떤 정치인들보다 그녀들이 더 천사 같다. 왜냐하면 적어도 그녀들은 남을 행복하게 해주는 직업이고, 그건 구역질 나는 이기적이고 위선적인 어떤 정치인들보다 역설적으로 훨씬 훌륭하기 때문이다.

언젠가 세월이 더 흘러 내가 집사람에게 미안함이 덜할 나이가 되면, 나를 감싼 혈연과 무장에 가까운 도덕적·윤리적 갑옷을 훌훌 벗어던지고 정말 아름답고 사랑스러운 여자를 만나 목숨을 걸고 진한 핏빛 사랑을 하고 싶다. 배는 불룩 나오고 머리는 반백에 소갈머리가 없어 늙은 수탉처럼 볼품없는 나를 받아줄 여자가 이 세상에 있을지는 모르겠지만.

Chapter 2

·

보석 같은 섬
보라카이

# 다시 돛을 펼치고

☆

 푸에르토 갈레라에서 요트 크루징의 진수를 느끼며 지낸 40여 일이 꿈같이 지나가고 이제 이동할 때가 되었다. 88세 노모와 집사람 그리고 아들과 여동생 부부에게 항공편을 이용해 보라카이로 오도록 초청했다.

 시간에 맞춰 나와 동생 그리고 든든한 표 항해사 셋이 출항 준비를 했다. 전체 여정은 120해리 정도. 6노트로 항해하면 20시간 거리다. 필리핀의 봄 날씨는 언제나 맑고 바람이 적당히 불어 항해하기에는 그지없이 좋은 날들의 연속이다.

 며칠 전부터 경유를 보충하고 마리나 체류 비용을 정산했다. 그런데 조수기가 속을 썩였다. 두 달 전 수빅마리나에 계류 중 220V 육전이 연결된 상태에서 아무 생각 없이 조수기의 가동 스위치를 올렸던 적이 있다. 내 딴에는 조수기에 차 있는 물을 순환시켜 배관 청소를

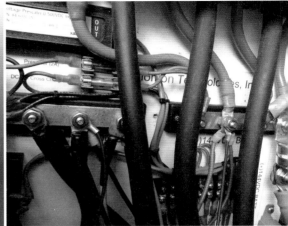

조수기 직류 컨트롤러(왼쪽)와 선내 직류 분배기

하겠다는 생각이었는데, 스위치를 올리자마자 바로 잘못된 것을 깨닫고 스위치를 껐지만 이미 일부 배선과 직류 컨트롤러가 타버린 뒤였다.

우리 배의 조수기는 반드시 육전을 *끄고* 발전기를 돌려서 얻은 110V 전원을 이용해야 한다. 그런데 220V에 연결했으니 남아나겠나? 차단기가 고전압을 퓨즈 등으로 막아주어 주기기는 고장이 안 났기를 기원했지만, 직류 컨트롤러가 타버려 새로 구입하지 않으면 기계를 돌릴 수 없는 상황이 되어버렸다.

제작사와 메일로 연락을 주고받으며 견적을 받아보니 너무 비쌌다. 다행히 ebay에서 같은 모델의 중고 컨트롤러를 발견해서 4분의 1 가격에 구입할 수 있었다. 교환 후 가동해보니 손톱만 한 모듈의 공장 세팅이 풀려 조수기 펌프를 구동시키지 못하는 문제가 또 새롭게 발생했다. 조수기 회사 직원과 통화하고, 그에게 부탁하여 간신히 맞는 모듈을 페덱스를 이용해 받았다.

이런 일은 내가 해야 한다. 혼자 오른쪽 뱃머리에 위치한 작은 챔버에 들어가 땀을 흘리며 1번 항목부터 약 30개 항목에 걸친 밸류값을 입력하는 작업을 진행했다. 표 항해사는 선실에 있는 직류 배선 캐비닛 쪽을 담당하여 나와 보조를 맞춰 스위치를 끄고 켜며 내 일을 도왔다.

오랜 작업 끝에 꿀맛같이 달디단 식수를 맛볼 수 있었다. 문제는 또 있었다. 조수기의 염도 체크 기능이 정상적으로 작동하지 않아 강제로 by pass시켜 연결해야만 했고, 고장 났던 수 주 동안 내부 필터가 플랑크톤에 오염되어 배관과 필터 청소를 했는데도 냄새를 완벽하게 제거할 수 없었다. 이 때문에 식수로 쓰려면 한참 동안 조수기를 가동한 후 받아야 비로소 냄새가 가신 물을 얻을 수 있었다.

배는 그동안 필리핀 직원을 고용해서 지속적으로 청소를 해왔기 때문에 하얀색으로 빛나는 한 마리 흰나비 같았다.


2015년 3월 5일 아침 7시, 우리는 내만에서 돛을 다 올리고 천혜의 요새 푸에르토 갈레라 항을 벗어났다. 메디오섬을 끼고 돌아 수심 20m권을 따라 천천히 사방비치 쪽으로 내려가자, 바람이 2~3시 방향에서 15노트로 들어왔다. 물론 조금 있다 기온이 올라가면 바람의 방향이 바뀔 것이다. 예보를 확인하니 항해 전반에 걸쳐 동풍이 불었다. 항해에 꼭 맞는 바람이다.

돛배는 가장 느긋하게 다니는 교통수단이건만 배를 모는 사람들

플라이 브리지

은 0.5노트에도 환호하거나 좌절한다. 4노트는 그래도 견딜 만한데 3.5노트는 굼벵이 같아서 무언가 가속할 조치를 취하게 마련이다. 우리도 사방비치를 벗어나자마자 4노트 이하로 떨어진 선속을 끌어올리기 위해 과감하게 90도 왼쪽으로 선수를 돌리고 베르데섬을 향해 지그재그 항해를 시작했다. 여러 번 잘라가야 하지만 금방 7노트를 넘어서는 속도에 고무되고 콧노래가 나온다. 이게 요트 타는 맛이다.

바코섬을 지나 11시경 칼라판 항구를 오른쪽으로 크게 끼고 돌아 동남쪽으로 향했다. 아직도 바람은 우리 편이 아니어서 20도 정도 좌측으로 돌려 우리가 가는 방향과 멀어져야 제 속도인 5노트 이상을 유지할 수 있었다. 뭐, 크게 문제 될 것은 없다. 나중에 태킹하여 다시 역각으로 100도 정도 오른쪽으로 돌려주면 제 각이 잡힐 것이다.

모르는 사람들은 돛에 바람을 많이 담아야 배가 그 힘으로 빨리 가는 줄 알지만, 사실은 그 반대일 경우가 많다. 특히 바람이 진행 방향의 좌우 90도보다 앞에서 불어올 때는 바람을 잘 흘려야 배가 속도가 난다. 이건 비행기 날개와 같은 양력을 이용하는 항해이기 때문이다. 물론 뒷바람에 풍력으로 가는 경우는 다르지만 말이다.

동생이 준비한 달걀탕에 주먹밥으로 늦은 점심을 대신했는데, 갑자기 오른쪽 모터가 15A 이상 올라가지 않는 문제가 생겼다. 문제와 문제의 연속이다. 이제는 그것이 무엇을 의미하는지 잘 안다. 모터 컨트롤러나 모터의 반쪽이 문제가 생겼다는 의미다. 우리는 이 경우를 대비하여 배에 모터와 컨트롤러 한 벌씩을 여유분으로 가지고 다닌다. 바꾸어서 끼우면 그만이다.

속도를 줄이고 근처에 배를 정박시키고 수리를 할 만한 곳을 찾아보았다. 그곳에서 4마일쯤 떨어진 노잔호 건너편 육지 쪽으로 깊이 들어간 만이 있어 일단 그곳으로 들어가 쉬기로 했다. 불록만이라는 곳이다. 수심은 의외로 10m권. 도착해서 투묘를 하니 오후 4시가 다 되었다. 멀리 원주민 한 가구가 사는 듯했고 야자수로 숲을 이루는 곳이었다. 서둘러 표 항해사와 둘이 모터 점검에 들어갔다. 다행히 모터는 문제가 없고 모터 컨트롤러만 교체하는 선에서 보수 작업은 끝났다.

서둘러 갈 이유가 없어서 배를 정박한 상태에서 일찍 출항하느라

늦은 점심 식사

못 잔 잠을 좀 자고 나서 스노클 기어를 챙겼다. 그리고 근처 야트막한 해변 쪽을 스노클링으로 답사해보기도 하며 시간을 보냈다. 바닷속은 밋밋하고 썩은 나뭇잎들만 조수에 밀려 몰려다닐 뿐 볼거리가 거의 없었다.

보라카이섬까지 남은 거리는 85마일 정도. 오늘 늦은 밤 출항해서 아침 9시경 도착하는 것이 초행길엔 유리하다. 보라카이 서쪽 해변에 진입하려면 남쪽 끝으로 내려갔다가 북으로 올라오면서 앵커를 내릴 자리를 찾아야 한다. 암초가 있어서 직접 진입하다가는 낭패를 볼 수 있다는 독일 친구 헨리의 조언이 있어서다. 우리는 저녁 9시 출항을 목표로 밥을 짓고 생돼지고기 숯불구이까지 해서 맛있게 저녁을 해결한 후 느긋하게 휴식을 취했다.

밤 9시, 조용히 혼자 선실에서 나와 선교로 올라갔다. 동생과 표 항해사는 저녁 식사 후 각자 방에 들어가서 아직까지 자는지 기척이 없다. 달이 휘영청 밝았다. 전원 스위치를 넣고 양묘(닻을 올리는) 스위 치를 눌렀다. 덜덜덜 소리가 나며 천천히 닻줄로 쓰는 12mm 주철 체인이 올라오기 시작했다. 체인은 20여m 풀려 있었기에 불과 3~4 분 후 닻이 물 밖으로 나와 뱃머리 닻 걸이에 얹힌다. 스로틀을 1단 으로 밀며 배를 90도 좌현으로 돌려 만 입구를 향했다. 체인 올리는 소리와 선체에 울리는 진동에도 아무도 올라오는 기척이 없다. 배 는 가볍게 3노트의 느린 속도로 우리가 몇 시간 머물던 곳을 빠져나 왔다.

바람은 240도 쪽에서 10노트, 우리 배의 진행 방향은 130도. 우 선 북동쪽으로 3~4노트 속도로 바람 방향으로 치고 올라가며 다운 홀은 풀고 메인 헬야드는 전동 윈치에 시계 방향으로 세 바퀴 반 감 아 고정시킨 후 왼손으로 당기면서 오른발 엄지발가락으로 선교 바 닥에 있는 전동 윈치 스위치를 천천히 눌러 주돛을 올리기 시작했다. 배가 리드미컬하게 좌우로 롤링될 때 올라가는 돛의 활대가 돛을 담 은 포대인 레이지 잭을 달아맨 줄에 걸리지 않도록, 그러면서도 쉽 없이 1단 축범 위치인 집세일 헬야드 끝단 부위까지 올리는 것을 단 숨에 혼자 해치웠다. 카타마란은 이래서 참 편하다.

만일 요트를 사려면 우선 작은 모노헐 요트로 실력을 쌓고, 어느 정도 바다와 배에 익숙해지면 카타마란을 사기를 권한다. 가격은 비 싸지만 평생 소장하며 오래 편한 여행을 원한다면 말이다.

우선 안정성에서 일반 요트와는 차원이 다르다. 시속 35노트급 폭풍의 바다에서 편안하게 선교에서 커피를 마실 수 있다. 모노헐은 옆으로 기울어져 달리니 자기 몸을 묶어놓고 앉아 있어야지 잘못하면 바다로 날아갈 수도 있다. 갑자기 바람 방향이 바뀌어 와일드자이빙이 된다고 치자. 카타마란은 통상 아무 일도 일어나지 않는다. 모노헐은 선실 안과 밖이 전쟁터가 될 것이다. 속도도 큰 차이가 있다. 우리는 7~9노트로 다닌다. 그들은 5~6노트로 다닌다.

　최근 요트 관련 다큐가 방송을 탔다. 물론 연출된 이유도 있지만 모두들 개고생이다. 우리는 그런 거 보면 웃음만 나온다. 요트를 왜 소유하는가 말이다. 좋은 요트를 소장하고 관리하는 재미도 있지만 항해할 때는 편안하고 즐거운 여행을 하면서 행복해야 하는데 기름 아끼려고 에어컨 안 켜고 라면에 소주 마신다면, 극기훈련 혹은 교육 목적이 아니라면 그 요트가 가치가 있을까 모르겠다. 물론 반론도 있을 수 있다는 것을 전제로 하는 이야기다.

　오토파일럿(자동항법장치) 오른쪽 위 10도 변침 버튼과 바로 아래 있는 1도 변침 버튼 두 개를 동시에 2초간 눌렀다. 배는 즉시 100도 우측으로 한 번에 변침되며 주돛이 막 불어오는 순풍에 부드러운 소리를 내며 바람을 받아 쭉쭉 나가기 시작한다. 다운홀을 재빠르게 사려서 홀더에 고정하고 메인 헬야드의 클리트 손잡이를 잠금 위치로 놓고 여분을 사려 rope sack에 넣고 집세일을 펼치기 시작했다. 이건 간단하다. 바람이 왼쪽에서 불어오니 왼쪽 집시트를 자유롭게 풀어지도록 클리트를 열어주고, 오른쪽 집시트를 전동 윈치에 걸고 집 펄링 라인이 풀어지도록 클리트 핸들을 열어놓는다.

보라카이 항로

그리고 전동 윈치 스위치를 오른발 엄지발가락으로 눌러 가동시키면서 윈치에 딸려 나오는 집시트를 손으로 사려가며 돛의 모양을 보다가 알맞게 볼록해지며 3개의 안쪽 텔테일(바람의 흐름을 알려주는 돛에 달린 펄럭거리는 작은 막대 모양의 끈)과 또한 3개의 돛 바깥쪽 텔테일이 모두 수평으로 펄럭거리도록 집시트를 풀거나 조여서 바람이 잘 지나다니며 양력이 생기도록 조정하면 된다.

　　두 돛이 바람을 받자 속도가 붙어 7노트를 넘나든다. 스로틀을 1단으로 줄여 회전속도를 300RPM 정도로 맞췄다. 6노트⋯. 꼭 맞는 속도다. 평소에 하던 대로 돛을 조정했고 배는 안정되었다.

　　배의 돛을 조정하는 것을 세일 트림이라고 한다. 배에는 풍압점이 3개 있다. 하나는 앞돛인 집세일의 풍압 중심점이고 또 하나는 주돛인 메인세일의 풍압 중심점이다. 이 두 개의 풍압 중심점 가운데는 combined C.E, 즉 통합 풍압 중심점이 있다. 이 CCE가 배의 물에 잠긴 부분이 받는 선체 저항점$^{CLR}$과 같은 위치에 있으면 배의 돛이 잘 조율된 것으로 본다.

　　만일 CCE가 CLR보다 선수 쪽에 있으면 리 헬름이라는 현상이 생겨 뱃머리가 바람이 부는 쪽에서 멀어진다. 반대로 CCE가 뒤쪽에 있으면 뱃머리가 바람 부는 쪽으로 움직인다. 이를 웨더헬름이라고 한다. 두 현상 모두 배의 속도를 떨어뜨린다. 하지만 크루징을 하는 요트인은 안전을 위해 웨더헬름이 약하게 생기도록 뒤쪽에 있는 주돛을 좀 더 강하게 트림한다. 만약 자동항법장치가 고장 났을 경우 뱃머리가 저절로 바람 부는 쪽으로 가고 배는 멈춘다. 그렇게 되면 배를 조정하는 사람은 여유를 가지고 다음 조치를 취할 수 있기 때문이다.

　나는 항해실습 교본과 요트의 과학을 필두로 세일트림과 항법, 에어로다이나믹스 관련 서적을, 특히 카타마란에 대해서는 우리나라 일반 요트 오너 중에서 가장 많이 읽은 사람 중 하나일 것이다. 또 수많은 항해 관련 DVD를 외국에서 구입하여 여러 번씩 돌려 보았다. 실전에서 쓸 수 있는지 여부는 논외로 순수 학술 차원에서의 공부였다.

　잠을 자던 두 사람이 나와 밤바다를 바라보며 저마다의 상념에 잠긴다. 바다는 잔잔하고 바람은 좋은 남국의 바다다. 멀리 시베일섬이 흐릿하게 보였다. 난 몇 시간 눈을 붙일 요량으로 선교를 표 항해사에게 맡기고 선실로 들어가서 누웠다. 침실 바닥으로 조용히 그르렁거리며 분당 300회 회전하는 직경 50cm짜리 프로펠러 소리가 아름다운 자장가 같았다.

보라카이 항차 중 맞이한 일출

# 야간 항해

타브라스해협을 따라 남남동 방향으로 내려가는 이 밤은 남국에서의 항해가 얼마나 멋진지 보여주는 대표적 뱃길이었다. 파고는 1m 내외이고, 풍속은 15노트 내외, 풍향은 270도로 맑은 하늘이다. 배는 각이 잡혀 흔들림 없이 7노트 속도를 유지했고 하늘엔 온통 별들의 향연. 오전 3시 무렵 내가 다시 선교에 올랐을 때는 남십자성과 북두칠성이 같은 하늘에 있었다. 멀리 타브라스섬의 폭토이 포인트 등댓불을 확인한 시점에서 보라카이섬은 꼭 40해리 남았다.

폭토이 포인트 등대는 FLR5S로 표기된다. 그 뜻은 규칙적으로 점멸하는 빨간색 불빛이 5초 간격으로 반짝인다는 뜻이다. 전자해도 위에 커서를 이동하여 등대 표시에 올리면 그 등대의 고유 설정값을 읽을 수 있다. 그것을 육안으로 확인해보면 우리 위치를 몸으로 느낄 수 있다.

항해 중

5시 조금 지나자 왼쪽 하늘이 붉은색으로 물들기 시작했다. 생각보다 하늘에 구름이 많다. 하긴 우리가 이럴 때 확인하는 구름은 수백km 떨어진 곳의 구름일 수 있으니까. 어두운 붉은색이 점점 선명한 붉은색으로 변할 무렵 작디작은 고깃배들이 눈에 들어오기 시작했다. 1~2인승 방카선의 길이는 5m 정도에 폭은 1m 남짓이라 좁다. 배 옆으로 직경 10cm 내외의 통나무와 굵은 대나무로 날개 같은 구조물을 이어 달았는데, 이게 카타마란이나 트라이마란에 있는 전복 방지 장치 같은 기능을 한다. 작은 단/쌍기통 휘발유 엔진으로 그야말로 바다를 5~10노트의 속도로 누비는 해상 오토바이다. 파고가 1m만 넘어도 배가 육안으로 잘 안 보인다.

그들은 생각보다 훨씬 먼 바다로 나가 어로 작업을 한다. 그것도 그물 없이 단순한 수제 낚싯줄만 이용하여 작게는 멸치부터 크게는 참치나 상어도 잡는다. 잠시 후 본격적인 일출이 시작되기 직전 밝은 구름이 피어오르고 먼 곳에서 마른천둥 소리가 들릴 때 바다 위를 바라보니 수십 척의 방카선이 우리 왼쪽 바다에 포진해 고기를 잡는 모습이 보였다. 필리핀 바다는 남획이 너무 심하다. 수많은 섬에 수많은 어부들이 매일같이 고기를 잡아 생업을 유지한다. 밤이면 잠수부들이 온 해안선의 암초 지대를 뒤져 바닷가재와 게를 잡아올린다.

10분 남짓 온갖 붉은색을 표현하는 단어들이 모두 다 튀어나온 뒤 시뻘건 불덩어리가 바다 위로 둥실 떠올랐다. 옆에 놔두었던 선글라스를 썼다. 지구에서 1억5,000만km 떨어진 불덩어리 천체, 빛의 속도로 달려도 8분 19초가 걸리는 먼 거리, 태양계 전체 질량의 99.96%, 지구보다 130만 배 크고, 33만 배 무겁고, 표면은 5,500도, 한가운데는 1,360만도…. 수십억 년 후 백색왜성이 될 때는 팽창하여 그 크기가 목성까지 다다를 정도가 된다는, 그렇게 하나하나 생각하고 보면 태양은 참 달리 보인다. 그리고 바다에서 보면 더욱더 우주 속 큰 별로 느껴진다.

아침이 되자 타브라스섬 쪽에서 잠시 세찬 바람이 불어왔다. 순식간에 바다에 흰 포말이 일었고 우리 모두는 긴장했다. 당연히 우리배는 출발할 때부터 1단 축범이 기본이다. 시속 30노트의 바람까지는 아무 문제 없다. 속도도 붙었다. 이대로 가면 오전 8~9시쯤 도착이다. 하지만 1시간여 지난 시점에서 대기온도가 올라가 좀 덥게 느껴졌을 때 바람은 다시 15노트 이하로 떨어지고 방향도 남남동으로 바뀌어 우리 배의 속도는 4노트 이하로 떨어졌다. 집시트를 잔득 당겨서 조이고 앞돛을 납작하게 만들고 메인시트도 당겨 주돛 또한 비행기 날개처럼 만들었다. 그리고 모터의 회전수를 500~600RPM으로 올려 6노트의 선속을 회복했다. 모두들 최고 좋은 기분이었다. 음악을 크게 틀어놓고 함께 따라 부르며 남은 20해리의 항해를 즐겼다.

보라카이섬은 길이 7km, 폭 700~1,500m로 남북으로 서 있는 개뼈다귀처럼 생긴 작은 섬이다. 그 안에 골프장도 하나 있고 수많은 식당과 쇼핑 골목, 마사지 숍, 숙박시설과 해양 스포츠를 위한 놀이시설이 밀집된 필리핀 최고의 관광지다.

바람이 계절적으로 동에서 서로 불 때는 서쪽에, 서에서 동으로 불 때는 동쪽에 자연적인 묘박지가 형성되어 요트를 정박시킬 수 있다. 우리는 서쪽 해안을 따라 천천히 보라카이 남쪽을 향해 나아갔다. 자그마한 파워 보트들이 온 바다를 누비고 다니므로 해안선에서 3마일 이상 이격하여 내려가다 세일 요트의 정박지가 보이자 육지 쪽으로 붙으며 돛을 내릴 준비를 했다.

우선 집펄링 라인을 전동 윈치에 감는다. 줄 자체가 다른 줄에 비해 뻣뻣하고 미끄러운 8mm 라인이어서 적어도 네다섯 바퀴는 윈치에 감아야 마찰력이 생기면서 줄을 당길 수 있다. 오른쪽 집시트를 천천히 놔주면서 전동 윈치를 가동하여 드럼처럼 생긴 뱃머리의 펄러에 감겨 있던 줄을 당겨 풀면 포스테이(돛대를 앞에서 지지해주는 지지선) 전체가 회전하며 거기 딸린 앞돛이 선수의 포스테이에 감기는 것이다. 돛이 모두 감기면 추가로 네다섯 바퀴 시트를 감긴 돛 위에 챙챙

앵커링 장소 선정. 오른쪽에 보이는 섬이 보라카이다.

돌려주어 바람에 터져 나와도 풀리지 않도록 마감을 한다. 이후 뱃머리를 바람 방향으로 돌려 항로를 바람 방향과 정렬한 후, 한 사람은 다운홀을 잡아끌어서 내릴 준비를 하고 한 사람은 풀려 있던 메인 헬야드 줄을 잘 살펴 준비한 후 클리트의 스톱 바를 풀고 탁 놓아주면 돛은 자체 무게로 쏟아져 내려와 돛을 담아 보관하는 레이지 잭 안에 담기게 된다.

보라카이 정박

　안전을 위해 아래로 한참 내려갔다가 연안으로 붙어 다른 배들이 정박된 정박지로 다가갔다. 바다 밑은 대부분 모래밭이고 중간중간 작은 암초 지대도 보였다. 생각만큼 위험은 없었다. 직각으로 묘박지에 진입해도 우리 같은 카타마란은 별문제가 없을 곳이었다. 참고로 우리 배는 수심이 1.5m 정도면 진입이 가능하다. 기술적으로는 그렇지만 배의 무게로 인한 관성이 커서 자동차처럼 바로 세울 수 없기에 매사 조심해야 한다. 따라서 적어도 수심이 3~4m는 되어야 진입을 시도하고, 일반적으로는 5m권 밖에서 운행하는 것이 좋다.

그런데 정박 포인트를 찾기가 쉽지 않았다. 이런 곳에서는 언제 강풍이 불지 모르므로 앵커 줄은 수심의 5~7배는 주어야 하는데, 수심이 7m권이니 40m 이상은 풀어야 한다. 물론 바람이 불면 모든 배들이 같은 방향으로 밀리긴 하지만 적어도 내 배의 반경 50m 이내에 다른 배가 있으면 서로 충돌할 수 있다. 한참 바다 위를 오르내리다가 적당한 지점을 발견했다. 깊은 쪽으로 40피트급 모노헐 요트가 한 척 있고 우측에 30피트급 쾌속정이 있다. 모두 우리 배와 70~80m 이격되어 있다. 닻을 놓을 자리를 본 후 그 자리까지 배를 움직여 적당하다고 판단되면 전자지도에 WP 표시를 한다.

WP는Way Point는 말 그대로 항로상 참고해야 할 임의의 특정 좌표를 말한다. WP가 표시되면 컨트롤러 오른쪽 키를 눌러 앵커 표시로 바꾼다. 그리고 동료의 도움을 받아 앵커를 내리며 바람 반대쪽으로 배를 이동시킨다. 빠르면 앵커가 끌려 위치가 바뀌고 느리면 바닷속에 내려지는 체인이 겹쳐 제 거리를 아는 데 방해가 된다. 체인에 페인트로 10m씩 색깔별 표시가 되어 있어 30m를 내리고는 앵커 투묘 스위치에서 손을 떼었다.

배가 약간 흐르다가 앵커가 모래 속으로 파고들자 멈췄다. 단단하게 고정된 것을 확인한 후 뱃머리 좌우 기둥에서 고정된 스프레더라인 중앙을 통과한 보조 줄을 팽팽하게 당겨진 체인 3~4m 앞에 샤클로 연결하고 체인을 5m쯤 더 풀어주면 뱃머리 쪽 체인이 축 늘어지고 앵커의 인장력을 좌우로 분산시켜 배가 안정되도록 한다. 얼른 스노클링 장비를 착용하고 바다로 들어가 체인을 따라 앵커 투묘 자리까지 갔다.

수심은 5m권, 호미형 앵커는 모래 속에 깊이 박혀 있어 당분간은 걱정을 안 해도 될 듯싶었다. 배로 돌아와 앵커 알람을 설치했다. 우리 배가 앵커 표시가 있는 지점에서 50m 이상 벗어나면 경보가 울리도록 했다.

모든 작업이 끝난 시간은 12시. 지금쯤 우리 가족은 서울에서 오는 비행기에서 내려 보라카이섬으로 이동하고 있을 것이다. 서둘러 뒤쪽 트랜섬에 걸린 상륙정을 내리고 엔진을 장착했다. 자, 이젠 가족을 만나고 보라카이를 즐길 시간이다.

# 몰로캄복섬

☆

한국에서 항공편으로 온 식구들과 조우하고 5일간 여행사 일정에 따라 보라카이섬 관광을 함께했다. 손바닥만 한 작은 섬에 얼마나 많은 호텔과 식당과 레저 업체들이 즐비한지, 골목골목 빼곡한 가게들이 저마다 관광객들의 얼굴만 보면서 사는 것이 신기했다.

여러 탈것 중 보라카이의 명물은 저녁 무렵 노을 속에 즐기는 요트 라이딩이다. 노을도 아름답거니와 좁고 가볍게 설계된 쌍동 타입의 요트는 그야말로 나비를 닮았다. 선체가 가벼워서 속도도 빠르고, 킬이 얇게 설계되어 있는 듯 해변에 바로 붙어 나는 듯이 다니는 것이 너무 멋지다. 한 대 만들어 제주 앞바다에서 타고 놀면 어떨지? 물론 제주 바다는 험해서 여기서처럼 질주하기는 어려울 것이다.

88세 노모께서도 함께 타보고는 애들처럼 좋아하신다. 우리 어머님은 노령에도 스쿠버 체험을 제외하고는 일정을 무리 없이 소화했

가족들과
즐거운 한때

다. 배에서 타는 패러글라이딩을 나이가 많다는 이유로 탑승을 거절 당했는데, 그것을 못 탔다고 한참을 서운해하셨다.

연세가 있어 이제 필리핀은 더는 못 오실 터, 랍스터를 포함하여 맛있는 것을 실컷 사드렸다.

가족이 떠나는 모습을 배웅하고 다음 날인 3월 11일 오전 9시 일 주일 만에 닻을 올리고 서쪽 팔라완섬을 목표로 항해를 시작했다. 가는 도중 몇 개의 섬에 들러 구경하면서 가급적 야간 항해를 자제하고 밝을 때 움직이는 것으로 여정을 정했다. 서두를 이유가 없는 여행이니까.

점심때쯤 몰로캄복섬 동편에 도착해 양식장이 있는 좁은 해협 지역을 조심스럽게 지나 섬 서쪽 잔잔한 곳에 앵커를 내렸다. 물은 맑고 500여m 떨어진 섬에는 적당한 크기의 마을이 있어 부식을 공급 받을 수 있을 것 같았다.

서둘러 보트를 내리고 시동을 걸었다. 15분쯤 달려서 백사장에 도착했고, 마을 정찰을 나섰다. 비포장도로지만 반듯하게 길이 나 있고 100여 가구가 사는 마을이 정겨웠다. 한참을 이곳저곳 기웃거리며 허름한 부식 가게에서 생돼지고기와 바나나, 채소 등을 구입했다. 아무도 우리에게 신경 쓰는 사람은 없었다. 날이 더워서 그런지 마을의 움직임이 16분의 1 슬로비디오를 보는 것 같은 착각을 불러일으켰다.

서둘러 배로 돌아와 표 항해사와 동생이 늦은 점심을 준비하는 동안 수경을 끼고 적당히 암초가 있는 바닷속으로 스노클링을 시도했다. 바닥은 대부분 모래인데, 산호초가 자란 암초 지대에는 손가락 두세 마디 크기의 검정 줄돔들이 많이 보였다. 그런데 고기가 있을 만한 암초 지대에는 아주 조밀한 이중 그물이 둘러싸고 있고, 여지없이 잔챙이 고기들이 그물에 걸려 버둥대고 있었다. 엄청난 남획으로 어족 자원이 사라지다시피 한 필리핀의 맨살을 보면서 안타까운 현실에 한숨만 나왔다.

점심 식사 후 나른한 오후는 그냥 배에서 뒹굴뒹굴했다. 플라이 브리지 붐대 아래 평평한 곳에서 베개를 베고 그늘진 곳을 골라가며 낮잠을 즐겼다. 가끔 동생이 가져다주는 귤도 까먹고 커피도 타서 마시며, 지나가는 필리핀 어선들에게 손을 흔들어주기도 하면서 그렇게 저녁을 맞고 밤이 되었다.

3월 초 필리핀 바다는 해가 떨어지면 시원하다. 물론 바람이 없거나 후텁지근한 날도 있지만, 바람이 불면 모기도 없는 바다 한가운데서 콕핏 긴 쿠션 위에 낮은 베개 하나만 베고 자면 꿀잠을 잘 수 있다. 더더욱 이렇게 모래 바닥 위에서의 묘박은 앵커가 깊이 묻혀 배가 바람에 끌리거나 앵커가 빠지는 현상이 발생하지 않아 편하게 숙면을 취할 수 있다.

앵커를 내리고 묘박을 할 경우 특히 조심해야 하는 것이 투묘 장소이다. 통상 배를 정박시키기 위해 앵커를 내리려면 해도를 보고 장소를 결정한다. 국가가 지정한 투묘 장소는 해도에 표시되어 있고, 그 외의 지역에서 투묘할 때는 일단 깊은 바다에서 얕은 곳으로 올라가며 육지 또는 장애물, 정박 중인 다른 배의 위치를 보고 닻 자리를 결정해야 한다. 앵커 수심의 5~7배 길이로 닻줄을 풀어야 바람이

❶ 양식장 스노클링  ❷ 필리핀 현지 어부들과 방카선

몰로캄복섬 구경

세게 불어도 앵커가 제 위치를 지키.그로, 수심이 5m면 30m 정도 닻 줄을 풀었을 때 배가 바람의 방향어 따라 앵커 위치를 중심으로 반 지름이 30m인 원을 그리며 정박지 부근을 돌게 된다.

바람이 바다 쪽에서 불어 배가 육지 쪽 가까이 붙게 되면 예상치 못한 암초나 얕은 수심에 킬이나 방향타가 걸려 오도 가도 못하거나 심지어 좌초하여 배를 잃을 수도 있다. 따라서 가급적 육지와는 충분하게 거리를 이격시켜 예상치 못하는 돌발 사고에 대비해야 한다.

사실 바다에서 급작스러운 30노트 이상의 돌풍은 너무 흔하다. 먼 바다를 항해할 때는 30노트 정도의 돌풍도 사전에 준비되어 있어 적절히 대응할 수 있으나, 이렇게 섬 인근에서 묘박을 하다가 돌풍이 불면 앵커가 밀리면서 육지 쪽으로 붙게 되는데, 사전에 정해진 매뉴얼이 없으면 정말 낭패다.

나는 항해를 하면서 이런 때를 대비해 수많은 가상 모의실험을 머릿속으로 해보고 다음과 같은 세 가지 원칙을 정했다.

1. 무조건 콕핏에 있는 주돛의 잠금 해제 장치인 메인 시트의 클리트를 연다. 이 장치를 열면 큰 바람으로 인하여 풍력에 배가 뒤집히는 것을 방지해준다.
2. 플라이 브리지로 뛰어올라가 스로틀을 밀고 휠을 돌려 깊은 수심 쪽으로 배를 이동한다. 바람이 불어오는 방향으로 가야 한다.
3. 앵커 체인을 다시 회수할 정도의 상황이면 체인을 감되, 그렇지 않을 경우 앵커 체인을 풀면서 난바다 쪽으로 나가다가 조금이라도 체인이 문제가 되면 가지고 있던 칼로 체인과 연결된 보조 체인을 과감하게 끊는다. 이때 여유가 되면 주변의 펜더 볼이나 구명 튜브 등을 끝에 묶어 바다로 던져 나중에 회수하기 쉽게 한다.

물론 앵커를 내릴 때는 앵커의 끌림 여부를 사전에 알 수 있도록 앵커 끌림 경보장치를 세팅해놓는다. 배가 정해진 지역을 벗어나

딩기로 이동, 귀선 중

면 알람이 울려서 근무자가 바로 알 수 있다. 바닥이 모래나 펄 지역이 아니라면, 그리고 앵커가 잘 고정되어 있지 않을 경우, 바람이 30~40노트를 넘어서는 순간부터 배는 밀릴 수 있다고 가정하고 준비해야 한다. 앵커는 일단 바닥에서 뽑히면 밀리는 배를 따라 다시 바닥에 걸리지 못하고 속수무책으로 끌려오게 되고, 육지에서 1km 떨어진 곳에 정박했더라도 수분이면 좌초한다. 그래서 앵커를 내린 후 나는 반드시 수경을 쓰고 물에 들어가서 앵커가 잘 고정되어 있는지 꼭 확인한다.

경험이 많은 외국 선장들은 꼭 이중 앵커를 내린다. 보조 앵커를 먼저 내린 후 그 앵커 줄 끝을 주 앵커 목에 묶은 후 주 앵커를 내리는 방식이다. 보조 앵커는 주 앵커가 바람에 끌려 떠오르는 것을 막

아주는 역할을 해서 웬만한 바람에도 끄떡하지 않는 것이 장점이다. 나도 문헌으로, 또 그림으로 보아서 알고는 있지만 한 번도 시도는 해보지 않았다.

우리 배가 긴급조치를 취할 시간적 여유가 없거나 특별한 이유로 비상조치를 취하지 못하고 육지 쪽으로 좌초되면 어찌 될까? 이런 경우를 생각하는 것만으로도 몸에서 아드레날린이 솟는다. 나는 가상의 행동 절차를 아래와 같이 정해놓았다.

1. 무조건 주돛 잠금 장치를 해제하여 마스트가 부러지거나 더 큰 2차 피해가 발생하는 것을 미연에 방지한다.
2. 충돌에 대비해 혹은 충돌 후 상황을 인지했으면 2차 충돌에 대비해 구명조끼를 입는다.
3. EPIRB(비상위치지시용 무선표시설비)가 안 터졌으면 이를 바다에 던진다. 이로써 구조신호가 자동으로 발신된다.
4. 배전반 직류 스위치를 모두 내리고 휴대전화와 배터리, 손전등, 식수 등 비상용 패키지를 몸에 소지한다.
5. 구명정을 내린다.

그런 일은 일어나지 않았고, 나는 남국의 어느 섬 앞바다에서 잠이 깨어 가장 평화로운 아침을 맞았다.

한 크기의 뱀무늬 갯지렁이들이 보였다. 리조트 직원들 말로는 밤에
는 바닷가재를 잡을 수 있단다.

　해가 지는 바다를 보면서 리조트 식당에서 모처럼 호텔급 식사를
했다. 새우와 채소 그리고 볶음밥이었는데 가격에 비해서는 신통치
않았다. 손님은 우리 외에 젊은 커플이 한 쌍 있을 뿐. 하지만 겨울
시즌에는 손님이 많단다. 우리는 내일 아침 일찍 코론으로 떠나겠다
고 미리 작별인사를 고한 후 배로 돌아왔다.

　새벽 1시쯤 잠이 깨 선실에서 나왔다. 선교에 오르니 북쪽 산허리
에 뿌연 달과 달무리가 보였다. 내일도 해무에 더우려나? 밤바람은
시원했고 모기도 없었다. 문득 어디서 향긋한 귤향 같은 것이 바람을
타고 코끝에 와 닿는다. 저 위 산자락 어딘가에 향기 짙은 꽃덩굴이
있어 이 새벽에 꽃망울을 틔우는 모양인가?

코론 패시지

# 민도로해협을 건너
# 코론섬으로

☆

    그레이스 리조트에서 오전 7시 정확하게 출항하여 들어간 길을 따라 조심스럽게 양식장을 벗어났다. 우리가 가지고 있는 레이마린 차트플로터는 지나온 모든 항적을 고스란히 기록해두기 때문에 그대로 따라 나오면 아무리 복잡해도 들어간 길을 되짚어 나오는 것은 식은 죽 먹기다.

    바람은 포트 쪽 빔리치(진행 방향 기준하여 왼쪽 옆구리에서 들어오는 바람) 항해 내내 꽤 속도가 날 듯하다. 거리는 52해리, 7~8시간 정도면 갈 수 있어 늦어도 4시까지는 도착할 것 같다. 어두워져서 도착하면 언제나 낭패를 각오해야 한다.

    이제 표 항해사와는 손발이 척척 맞는다. 수분 내에 돛을 펼치고 전기모터는 1단으로 유지하여 7노트의 속도는 나오도록 한 후 비로소 커피를 내렸다. 동생은 아침 식사를 위해 달걀프라이를 만들고 식

❶ 아침 식사 ❷ 차트플로터

빵을 굽느라 바쁘다.

생각보다 많은 어선들이 바다에 나와 있어 한시도 눈을 뗄 수 없는 상황이었다. 나는 선교에서 손가락으로 까딱까딱, 자동항법장치의 버튼을 수시로 누르며 어선들과의 조우에 대비하며 항해를 계속했다. 필리핀 어선들은 사실 조그만 쪽배 수준의 1~2인용 방카선이 대부분이었다. 조그만 휘발유 엔진을 달고 시속 7~10노트로 멸치나 고등어를 잡으러 다니는데 가끔은 참치를 잡기도 한다. 워낙 배의 높이가 낮아 파도가 조금만 쳐도 잘 보이지 않는다. 그러나 어선은 아무리 작아도 어선이다.

그들은 조업 시 우선권이 있어 우리 돛배가 먼저 항로를 바꿔 가야 할 의무가 있다. 괜히 접촉 사고라도 나면 낭패다.

민도로해협은 수심이 비교적 얕고 중간에 큰 여(영어로 'bank'라고 한다)가 발달해 있는데, 낮은 곳은 수심이 수 미터에 불과해 사전에 인지하고 있어야 한다.

10시 조금 넘어 큰 고래 한 마리가 우리 배의 우현 쪽에 출현했다.

눈 좋은 표 항해사가 먼저 발견하여 모두들 카메라와 핸드폰을 준비하고 사진을 찍을 준비를 했다. 눈짐작으로 1km 정도 떨어진 곳에서 날숨을 쉬는 물보라가 보여 다음 나올 장소를 가늠하고 있으면 엉뚱한 곳에서 올라온다. 배를 돌려 따라간다고 해도 가까이서 볼 수 있는 건 아니어서, 해양 포유류를 멀찍이 지켜보기만 하다 사진 한 장 제대로 못 찍었는데 사라져버렸다. 마지막 큰 꼬리지느러미가 불쑥 올라오는가 싶더니 그걸로 끝이었다.

코론섬 항해 중

점심 식사 후 더워진 날씨를 피하느라 모두 돛대 밑에 쿠션을 가지고 나와 누워 빈둥거렸다. 어선들도 모두 사라져버려서 할 일이 없어진 나는 선실로 들어갔다. 그리고 해치를 열어 바람이 잘 들어오도록 해놓고 늘어지게 낮잠을 즐겼다.

코론공항과 코론시는 부수앙가섬에 있다. 본섬이다. 그리고 볼거리가 많은 코론섬은 부수앙가섬 남단에 있다. 그 사이를 코론 패시지(코론 통로)라고 부르는데, 이곳이 좁아서 물때를 잘 못 맞추면 역조류에 맞바람까지 불어 돛배는 엄청 고생을 한단다.

그런 내용을 독일 친구 헨리에게 들었지만 물때를 따질 겨를이 없

코론의 홈통 묘박지. 명당 자리를 선점한 미국인 부부 요트

었다. 우리는 밝을 때 해협을 건너 묘박지에 도착하는 것이 목적이었기 때문에 닥쳐봐서 적당히 맞바람과 역조류는 대처할 방법이 있을 것이라고 믿었다. 우리가 누군가? 수천km 난바다를 건너온 뱃사람들 아닌가?

3시 조금 넘어 코론 패시지 입구 디바툭섬 앞에 도착했다. 5마일쯤 앞에 코론섬 곶부리가 나와 있는데 그곳만 넘어서면 나머지 거리는 2마일 남짓. 예상대로 골바람이 불었다. 앞돛과 주돛을 납작하게 당겨 조이고 오른쪽으로 가다가 왼쪽으로 태킹하고 다시 1마일쯤 가다가 다시 오른쪽으로 태킹하며 지그재그로 움직였다. 발전기를 가동하고 모터의 출력도 70% 정도 끌어올렸지만 5노트 이상 속도는 나지 않아 곶부리를 돌아가는 데 1시간 넘게 걸렸다. 곶부리를 막 돌자 스타보드 쪽 60도 방향에서 바람이 들어와 쏴~ 하고 속도가 8노트를 넘어간다. 모두들 입꼬리가 올라갔다. 야호!

나는 우리가 들어가 정박할 골짜기를 해도와 맞춰 가늠해보면서 저 골짜기인가, 아님 저 너머인가 하고 쌍안경으로 살피며 접안 준비를 했다. 코론섬은 거의 비슷한 높이의 산들이 둥글둥글 솟아 있어 그 골짜기가 그 골짜기 같지만 그 속에 아시아 10대 비경이 숨겨져 있다.

카얀간호수로 들어가는 입구는 그야말로 복주머니 모양처럼 생겼다. 복주머니 안에 구슬 두 개가 들어 있는 형상이다. 거의 다 와서 돛을 내리고 천천히 골짜기로 들어가 보니 미국 요트 한 척이 우리가 정박하려고 마음먹었던 바로 그 자리에 앵커를 내리고 있다. 낭패였다. 다가가서 양해를 구하고 바로 옆에 붙여서 댈 수는 있겠지

잔잔한 코론

만, 멀리서 보니 젊은 부부로 보이는 두 사람이 타고 있었는데 우리 생각대로 밀어붙일 수는 없어 다시 배를 오른쪽으로 돌리고 그들과 500m쯤 떨어진 곳에 앵커를 내렸다. 앵커 수심은 20m 정도로 깊었는데 앵커 줄을 수심보다 10m 정도 더 주고 배를 세웠다. 이곳은 병풍 속에 갇혀 있는 모습이라 바람도 없고 파도도 없어 그 정도면 충분히 배가 고정될 것 같았다.

우리 배와 마주본 벼랑 아래 좁은 곳에 나무와 천으로 얼기설기 엮어 만든 대여섯 채의 오두막이 있고 그곳에 원주민들 수십여 명이 기거하고 있었다. 원주민인 듯한 여인이 노를 젓는 조그만 쪽배로 고

코론섬 스노클링

기를 잡고 오는지 우리 배 옆을 지나간다. 불러 세우고 큰 고기가 있
는지, 우리가 살 수 있는지 물어보았다. 지금은 없고 내일 잡으면 팔
수 있단다. 선금 500페소를 주고 큰 고기를 잡으면 무조건 우리에게
가져오라고 부탁해놓았다.

한 항차 항해가 끝나면 언제나 성취감에 마음이 느긋해지고 상쾌
하다. 수경을 쓰고 스노클링을 즐겼다. 바닥이 보이지 않는 20m 수
심 아래 멸치 떼들만 모여서 은색을 반짝이며 군무를 출 뿐 고기다
운 고기는 보이지 않는다.

날이 금방 어두워졌다. 우리는 콕핏에 둘러앉아 김치 소시지국을

끓여서 저녁을 먹었다. 환하게 켜진 우리 배의 전깃불과 대조적으로 불과 100여m 떨어진 원주민들 숙소에는 촛불 하나 변변히 없는 듯 암흑 그 자체다. 이곳은 수백m 벼랑으로 둘러쳐진 바다의 요새 같은 곳이라 그런지 100여m나 떨어져 있는데도 원주민들의 말소리가 들린다. 8시 조금 지났는데 벌써들 자리에 누웠는지 두런두런 말소리도 들리고, 누군가 방귀라도 뀌었는지 모두들 까르르 웃는다. 우리도 웃음이 나왔다. 자기들끼리 또 무슨 이야기를 하다가 누군가 웃기는 말을 했는지 또 웃음소리가 들린다. 정말 21세기에 만난 원시인들 같았다.

한숨 자다 소변을 보려고 선실 밖으로 나왔다가 깜짝 놀랐다. 아무것도 보이지 않았다. 그야말로 칠흑 같은 어둠이었다. 눈을 크게 뜨고 있어도 정말 아무것도 보이지 않는 실명 상태로 한참을 가만히 서 있었다. 사실 꼼짝을 할 수가 없었다. 그러다가 희미하게 바닷물이 보이고 벼랑이 보이고, 그리고 올려다본 하늘에는 구름이 가득 드리워져 있었다. 아하, 그래서 이렇게 어두웠구나.

침실로 들어와 잠을 청했는데, 수 분 만에 나 또한 칠흑 같은 깊은 잠 속으로 다시 빠져들었다.

# 아시아 10대 절경 카얀간호수

★

다음 날 아침 건너편 벼랑 밑 오두막에 사는 사람들이 배를 타고 움직이기 시작했다. 의외로 조그만 방카선을 이용해 아이들을 멀리 코론 시내에 있는 학교에 보내는 모양이었다.

오후에 어제 내게서 돈을 받은 여인이 손바닥만 한 고기를 한 마리 가지고 와서 우리에게 넘겨주며 요즘은 큰 고기가 없단다. 사실 별 기대를 안 했기에 그것으로 되었다고, 잔돈은 필요 없다고 말했다.

우리가 애초 정박하려던 자리에 세워져 있던 미국 선박이 오후에 앵커를 올리고 코론 시내 쪽으로 갔다. 우리는 부랴부랴 배를 그 자리로 옮겼다. 수심이 거의 20m에 육박하는 우물 같은 구조의 해저 지형이었다. 낮은 곳은 불과 1~2m에 불과한데 어쨌든 문제는 없다. 바람 한 점 불지 않아 앵커와 체인의 무게만으로도 배가 요동도 안 하는 천혜의 요새 같은 지형이었다. 카얀간호수로 관광객을 실어 나

카얀간호수 입구의 간판

르는 선박들도 보이지 않아 조용하고 아늑하며, 또 벼랑 밑 원주민들
과도 1마일 이상 이격되어 있어 우리를 방해하는 것은 아무것도 없
었다.

오후에 동생과 표 항해사가 보트를 이용해 코론 시내에 가서 장을
보고 들어왔다. 사가지고 온 채소로 겉절이 김치를 담고 싱싱한 돼
지고기를 신김치와 볶아내 저녁은 포식을 했다. 우리는 피닉스아일
랜드 김 팀장과 이틀 뒤 만나기로 했기에 시간적인 여유가 많았다.

다음 날 우리는 카얀간호수 관광에 나섰다. 입장료를 내고 조그만
산언덕을 올랐다. 주변은 온통 날카로운 화산암으로 이루어져 있고
그사이로 나무 계단을 만들어놓았다. 꼭대기에서 바다 쪽을 내려다

카얀간호수 가는 길

보니 아시아 10대 절경이라는 말이 어울리는 경치가 탄성을 자아낸다. 하지만 사실 절경은 반대쪽에 있음을 잠시 후 알게 됐다. 눈을 돌리니 비취빛 영롱한 카얀간호수의 일부가 보이고, 마침 호수 쪽에서 올라오는 독일 관광객들이 멋지다고 얼른 내려가 보라고 한다.

이 호수를 마주하는 모든 사람들의 입에서 나오는 감탄사는 "와~~"일 것이다. 호수가 티끌 한 점 없이 맑고 투명해 수십m 아래까지 들여다보인다. 햇빛이 이 깨끗한 크리스털 호수에 내려앉는 모습이 말을 잊게 한다. 해발이 한 100m 되려나? 어떻게 바닷가 바로 옆에 이런 호수가 생성되었을까?

입수를 하려면 반드시 구명복을 입어야 한다. 우리는 구명복을 입

키안간호수 입구

카얀간호수

고 그 맑은 물로 풍덩 뛰어들었다. 해골바위라고 명명된 스칼레톤 화산암들이 물속에서 기둥처럼 끝없이 서 있는데 물가 쪽 수심도 20m는 되는 듯했다. 하지만 투명도가 좋아 바닥이 훤히 들여다보이고 아주 작은 물고기들이 서식하고 있었다. 그곳에도 먹이사슬이 존재했다.

우선 물이 바닷물이 아니라 염분이 좀 섞인 민물이었다. 다슬기와 같은 패류들이 바위에 많이 서식하며 해조류를 먹고 살고 있었고, 이들을 먹는 손가락 크기만 한 바늘고기와 쏨뱅이들이 있고, 또 그들을 먹는 메기류가 살았다. 더 큰 어류가 있는지는 확인할 수 없었다. 바로 근처에 있는 바라쿠다호수에는 얼마 전까지도 바닷고기인 바라쿠다가 살았다고 한다. 지금은 모두 사라져서 볼 수 없다는 이야기를 들었는데, 최근 유튜브에서 바라쿠다호수에서 찍었다는 바라쿠다를 본 적이 있다.

물의 온도는 수영하기에 알맞으나 물속은 생각보다 약간 흐렸다. 아마도 미생물 때문일 것이다. 사방이 바다로 둘러싸인 화산섬 코론이 아름답고 가치가 있는 것은 그 품안에 수많은 민물 호수를 간직하고 있기 때문이라는 생각이 들었다.

오후에 일행들과 텐더보트를 몰고 코론 시내에 장을 보러 갔다. 우리 배가 정박한 곳에서 30분 정도 걸리는 거리인데, 여기저기 떠 있는 섬들로 인해 바닷길이 잔잔해서 운행에 지장은 없었다. 노천 시장에서 생선을 포함해 각종 과일과 육류 등을 팔았는데, 우리는 수박과 망고를 산 뒤 저녁 식사용으로 2만 원을 주고 큰 머드크랩 한 마리를 구입했다.

배로 돌아와서 늦은 오후를 느긋하게 보냈다. 햇볕이 따가워 돛폭을 담은 레이지 잭과 붐대가 만들어내는 그늘 아래서 베개를 옮겨가며 즐기는 낮잠은, 앞서도 몇 번 언급했지만 정말 달콤하다. 그래도 습도가 있어 자고 나면 피부가 접히는 부분은 땀이 찬다. 이럴 땐 스노클링이 최고다. 핀과 수경을 착용하고 손에 장갑을 낀 후 바다로 뛰어들면 제법 익숙해진 남국의 시원한 바닷물이 나를 반긴다. 바닷가는 파도에 침식되어 칼날처럼 날카로운 화강암으로 둘러싸여 있고, 수심은 1m부터 갑자기 3m권으로 그리고 불과 10여m 떨어지면 바로 20~30m 수심이다.

머드크랩 방생

　저 깊숙하게 들여다보이는 짙푸른 심연은 이젠 별로 공포감을 자아내지 않는다. 다 아는 바다라서 그렇다. 수많은 산호밭 곳곳에 숨었다 나왔다를 반복하는 수십, 수백 종의 다양한 물고기 떼 위로 조용히 핀을 차며 돌아다니면 금방 추위에 소름이 돋는다.

　한참을 물속에서 노닐다 나와서 대충 닦고 콕핏 쪽에서 육지를 바라보는데 배 후미 콕핏이 끝나는 곳에 머드크랩 한 마리가 웅크리고 있다. 아니, 이놈은 아까 거금을 주고 사온 바로 그놈? 그런데 왜 여기 와 있지? 갑자기 정신이 번쩍 들었다. 도망쳐 나왔네! 뛰어내리면 바로 깊은 바다다.

　"표 항해사! 이 게가 어떻게 나온 거야? 빨리 뭐 잡을 거 좀 가지고 와봐!" 이내 그가 나와 상황 파악을 하고는 "어! 이거 어떻게 나왔지? 묶어놨었는데…" 한다. 이놈을 포획할 뜰채를 생각하는 순간 표항해사가 손으로 잡으려고 다가가자 게는 그 큰 집게발을 높이 쳐들며 위협을 가한다. 멈칫하는 순간, '퐁' 하며 물로 뛰어들어 가라앉기 시작한다. 이런 젠장, 우리 식량! 그날 맛있는 머드크랩의 육질을 기대했던 우리는 수박만 열심히 그리고 말없이 배가 터지도록 먹었다.

카얀간 묘박지에 정박 중인 벗삼아호

# 앵무고기들의 화장실

☆

아침 햇살이 이곳 바다에 퍼지려면 시간이 필요하다. 200여m 높이의 깎아지른 벼랑으로 둘러싸여 있고 바다 지형도 방추형이어서 햇살에 비치는 물빛이 예술이다. 한참을 뱃전에서 바라보다 스노클링 장비를 챙겼다. 아무도 들어가지 않은 아침 바닷속을 구경하고 싶어졌기 때문이다. 모르지, 혹시 큰 바다거북이라도 만날지.

산호초가 우거진 수심 2~3m권을 고기들이 놀라지 않도록 핀을 부드럽게 차며 서서히 움직여 갔다. 한눈에 멀리 수십m 앞까지 보이지만 큰 고기는 역시 없는 듯하다. 물고기들은 같은 종류끼리만 모여서 논다. 큰 포식자를 피해 경산호 위에 무리지어 있다가 내가 다가가면 모두들 산호 속으로 쏘옥 들어간다. 색깔도 모양도 얼마나 다양한지 모른다. 아마도 수십여 종은 될 것 같다. 물론 크기는 손가락 한마디에서 두 마디 정도. 녹색과 하늘색 야광충도 물속에서 아직은 빛

피자와 머드크랩

을 내며 돌아다닌다. 손으로 살짝 잡아보는데, 너무 작은 데다 반짝이며 손가락 사이로 빠져나가 도무지 본모습은 가늠해볼 수 없다.

갑자기 20~30m 앞 낮은 곳에서 앵무고기 떼가 깊은 곳으로 이동해온다. 수십 마리 중 큰 놈은 30cm쯤, 작은 놈은 15cm 정도. 나는 유영을 멈추고 잠깐 그들을 바라다보았다. 그런데 갑자기 내 앞에서 멈춰 서서 휴식을 취하듯 무질서하게 유영하더니 그중 큰 놈 한 마리가 머리를 위로, 꼬리를 아래로 하고 꼿꼿이 서더니 똥을 찍, 하고 싼다. 다른 놈이 방금 배설했던 자리쯤으로 가더니 또 똑같이 몸을 세우고는 똥을 쭉~ 싼다. 놀랄 노릇이다.

나는 가급적 내 위치가 드러나지 않도록 아래쪽 경산호 가지 한쪽

134

저녁 만찬

을 왼손으로 부여잡고 몸을 고정했다. 이어 또 큰 놈 한 마리가 그 자리로 왔고, 배설 전에 검정색 비슷한 어두운 색으로 몸빛이 변하더니 또 똥을 싼다. 이놈들이 연이어 번갈아가며 배설을 하는데 수중 카메라가 손에 없는 것이 너무나 안타까웠다. 이런 진기한 장면을 혼자만 보다니, 세상에 누가 물고기 화장실 이야기를 하면 믿을 것인가?

앵무고기 떼의 큰일 보기는 그렇게 한참을 이어졌고, 작은 놈들까지 볼일을 끝내고는 유유히 깊은 곳으로 사라져버렸다. 와, 내셔널 지오그래픽에 나올 영상이었는데! 나는 도무지 방금 전에 본 장면을 믿을 수 없었다. 집단 배설과 배설 행태가 어쩌면 이렇게 오묘한지 말이다.

30분여 더 유영하며 이곳저곳 들러보고는, 낮은 곳이 끝나 깊은 심연으로 이어지는 곳에서 다시 배로 돌아왔다. 동생이 표 항해사와 함께 준비한 아침을 먹으며 조금 전 본 광경을 이야기해주었더니 모두들 신기해한다. 동생은 스쿠버 경험이 많아서 내 이야기에 덧붙여, 청소 물고기가 큰 고기들을 청소할 때는 청소 대상 물고기가 몸빛을 바꿔야 비로소 안심하고 입속으로 들어가서 청소를 한단다. 내일 같은 시간대에 카메라를 가지고 한 번 더 들어가봐야겠다고 생각했다.

오후에 피닉스아일랜드 김선일 팀장이 한국에서 날아왔다. 코론 시내에서 그를 만나 텐더보트로 데려오면서 머드크랩 두 마리를 다시 사가지고 왔다. 빨갛게 쪄낸 게를 간장과 식초 그리고 고춧가루로 만든 장에 찍어 먹었다. 게라는 어류는 맛은 있어도 먹기가 여간 불편하지 않다. 온통 울퉁불퉁 가시가 있고 딱딱하고 살이 숨겨져 있어 먹으려면 엄청 번거롭다. 하긴 남이 자기를 먹기 좋게 진화한 생물이 있을까?

저녁 식사 후 모여앉아 다음 여정을 상의했다. 헨리가 말해준 일명 코끼리섬에 가본 후 코론섬 서쪽에 있는 부수앙가마리나를 둘러보기로 했다.

# 트윈 라군

코론 지역의 대표적인 관광지는 카얀간호수, 바라쿠다호수 그리고 트윈 라군이다. 관광지마다 입장료를 받는데, 바라쿠다호수는 나만 빼고 우리 일행이 아침에 다녀와 입장료를 면제받았다. 바라쿠다호수는 바라쿠다가 산다고 해서 붙여진 이름인데 카얀간호수와 같은 반 민물호수인 석호다.

나는 오전 내내 텐더보트를 타고 정박지 주변의 바닷가를 돌아다녔다. 수심이 얕은 곳에 조그만 닻을 내려놓고 스노클링을 하는데 온갖 종류의 아름다운 물고기들을 만나볼 수 있다. 어떤 때는 주변 바다를 작은 멸치 떼가 덮어버리기도 하고, 수심이 깊은 심연 같은 바닷속 저 아래를 수많은 잭피시 무리가 회유하기도 한다. 멸치들의 군무는 정말 장관이다. 혼자서 "와~" 하고 탄성을 질러댄 적이 한두 번이 아니다.

트윈 라군 내만. 딩기 투어 준비 중

　동생이 시내에서 공기통을 채워와 스쿠버도 한 번 같이했는데, 벼랑 진 바다 밑의 덜 손상된 산호초 지역은 볼 만했다. 산호초가 잘 보존된 지역은 원주민들이 별도로 입장료를 받기도 했다. 사실 볼 것은 별로 없었다. 일단 큰 물고기들은 찾기가 힘들었다. 멀리 회유하는 바라쿠다 무리들이 좀 있을 뿐, 대부분 앵무고기류와 자잘한 산호초에 서식하는 돔류가 대부분이었다.

오후에 우리 배를 트윈 라군 쪽으로 옮겨서 정박시키기로 했다. 앵커를 올려 천천히 카얀간 지역을 빠져나왔다. 두 번째 정박 장소는 북위 11도 56분 45, 동경 120도 12분 32 지역이다. 문제는 들어가는 곳이 폭 30m 정도 호리병 모양이고 수심이 얕아서 아슬아슬하다. 해도상으로는 수심이 평균 2m지만 구글 사진상으로는 통과할 만했다. 마침 만조가 조금 지난 시간이어서 손쉽게 통과했다. 하지만 김 팀장이 우리가 지나온 바로 옆으로 돌출된 암초가 있었다고, 나갈 때 조심해야 할 거라고 한다. 그 이야기를 들으니 심장이 쫄깃해진다.

일단 해변에서 50여m 떨어져 앵커를 내려 보니 수심이 20m가 넘는다. 바람이 없는 지역이니 배가 밀려서 암초에 부딪힌다고 해도 큰 손상은 없을 자리여서 안심하고 저녁 식사를 준비했다.

며칠 사이 칠흑 같은 어둠에는 적응이 되었다. 사람이 사는 마을에서 직선거리로 6km 떨어진 외진 바닷가 골짜기, 그것도 칼 같은 벼랑으로 둘러싸여 더더욱 빛이 들어올 수 없는 요새 같은 곳에서의 정박이 주는 문명으로부터의 단절과 대자연 속 평화로움은 내 배 없이는 절대 맛볼 수 없는 귀하디귀한 것 아닌가? 보통 사람들은 생각할 수 없는 큰 거금을 들여 요트를 사고, 배를 꾸미고, 항해 장비를 갖추고, 수년에 걸친 공부와 연습을 통해 항해술을 배우고 먼 바다로 나와 이런 귀한 곳에서 마주친 밤시간의 고요함….

일행이 다 잠든 밤 혼자 선교에 나와 앉았다. 눈이 어둠에 익숙해

트윈 라군 입구

지니, 바닷속에서는 야광충들이 반짝
이고 밤하늘은 은하수와 별들로 가득
채워져 있었다. 어둠 속을 날아다니는
박쥐와 이름 모를 새들도 눈에 많이
띄었다. 고요함 속에서 찰박이는 물결
소리, 밤새 소리, 물고기 뛰는 소리, 벌
레 우는 소리 등 수많은 소리들이 숨
어 있다가 들리기 시작했다. 나는 고요
하다고 생각하지만 사실은 수많은 소
리들이 이 세상을 가득 채우고 있었다.

유난히 쿵쾅거리는 발소리에도 햇
살이 선실 창가에 스며들 때까지 늦잠
을 잤다. 밖으로 나오니 바다가 거울 같았다.

관광객들이 몰려오기 전 트윈 라군을 구경하기로 했다. 동생과 둘
이 만 안쪽에 있는 트윈 라군 입구로 텐더보트를 몰고 들어가 보니
아침이라서 관광객은 보이지 않고 입장료를 받는 수상 오두막만 눈
에 띈다. 관리인에게 손을 흔들어주고 입구에 설치된 나무 사다리를
따라 두 개의 바다 호수를 잇는 동굴을 올라가보니 참 절묘하게 그
반대쪽엔 또 하나의 바다가 열려 있다. 그런데 그게 다였다. 두 개의
바다가 동굴 하나로 연결되어 서로 통해 있다. 동굴은 수 미터에 불
과하여 올라서면 바로 다른 바다가 보였다. 나무로 만든 통로 사다리
가 낡아 있어 트윈 라군이라는 멋진 이름에 비하면 초라했다.

점심 식사 후 넷이서 고무보트를 타고 반대쪽 바다를 보러갔다. 사

트윈 라군 전경

실 관광객들을 태운 방카선들은 대부분 이곳으로 와서 관광객을 안
내한다. 바닷길이 열려 있고 라군 전체의 수심이 얕아서 구경하기가
편하기 때문이다. 벌써 수백 명의 관광객이 와 있다. 우리도 스노클
링 장비를 챙기고 신발을 신었다. 생각보다 성게가 많고 바닥이 날카
로워서 발을 다치기 쉬웠다.

　　일본 규슈의 이시가키나 보라카이에서 보던 세로줄무늬 돔들이

많았다. 관광객들이 빵부스러기를 뿌려줘서 그런지 사람들 주변에 물고기들이 몰려 있었다. 만 깊숙이 우리가 아침에 반대쪽에서 진입했던 트윈 라군 동굴까지는 200m가 채 안 되는데, 1시간 정도 걸려 도착할 수 있었다. 바닥은 요철이 심하고 사람들에 치여서 난장판이다. 물도 뿌옇게 흐리고 부유하는 쓰레기들도 있지만 모두들 즐거워했다. 유럽 쪽 관광객들이 많이 보였다.

코론섬 가운데에는 카부가오라고 하는 커다란 석호가 있다. 화산 폭발로 생긴 칼데라호인지는 알 수 없어도 지도상으로는 진입하기가 여의치 않아 보였다. 섬 동쪽으로 제법 수십 채의 가옥이 자리한 마을이 보였는데 그곳에서는 진입할 수 있을 것 같다. 하지만 그쪽은 바람이 세고 파도의 영향으로 배를 정박할 곳이 한 군데도 없었다. 우리는 가볼 수 없는 곳이었다.

저녁때 우리는 모여 앉아 다음 일정을 논의했다. 이제 코론섬 구경은 끝났다.

코끼리섬으로 가는 길

# 해적의 시대처럼

★

3월 17일 트윈 라군 깊숙한 요새 안에 들어가 정박했던 우리는 만조가 되기를 기다렸다. 이곳은 입구의 수심이 불과 1~2m 남짓이라 일반 요트는 못 들어오고, 내 배 같은 쌍동선만 간신히 만조를 택해 들어올 수 있는 곳이다.

10시에 만조. 배를 출발시켜 요새 입구에서 먼저 표 항해사를 물에 들여보냈다. 그가 물속에서 내 배의 가장 낮은 부분인 좌우의 keel blade와 입구의 산호와 암초의 간격을 가늠하고 유도하는 대로 조심스럽게 배를 몰아 아슬아슬하게 빠져나왔다. 2008년 세상을 떠난 『쥬라기 공원』의 작가 마이클 크라이튼의 유작 『해적의 시대』에서 주인공 찰스 헌터가 스페인 무적함대 카살라의 추격을 피해 좁은 라군 속으로 들어가는 바로 그 장면처럼, 키를 잡고 배의 바닥을 스치는 암초와 산호초를 손끝으로 느끼듯 온몸에 소름이 돋고 러더

(키와 연결된 휠)를 잡은 손바닥이 짜릿짜릿하다. 지난 1월 수빅항 위쪽 산타클로스항에서 출항해 항해 중 해도와 맞지 않는 수심을 믿었다가 허망하게 산호초 위에 좌초했던 기억이 되살아났다.

만을 빠져나오니 바람 한 점 없는 수정 같은 바다, 마치 우리나라 가을 호수의 아침 같다.

목표를 동남쪽 디테이타얀섬으로 잡았다. 독일 친구 헨리가 적극 추천하는 일명 코끼리섬이다. 9kW 모터 두 개를 천천히 돌리며 코론섬 곶부리를 향하여 6노트 정도의 속도로 나아갔다. 분명 곶부리를 돌면 바람이 불어서 돛을 올릴 수 있으리라 믿었다. 11시 조금 지나 미리 찍어놓았던 WP에 도착해 방향을 200도로 세팅하고 나니 드디어 기다리던 바람이 12~15노트로 불기 시작한다. 우리가 가는 방향으로 9시 쪽에서 바람이 오니 금상첨화, 배를 바람 방향으로 놓고 25m 높이의 주돛을 올렸다. 그리고 다시 선수를 200도로 맞추자 금세 7노트로 속도가 붙는다. 모터를 끄고 앞돛을 펼쳤다. 한 마리 흰나비처럼 벗삼아호는 잔잔한 남국의 바다를 미끄러지기 시작했다.

발전기를 끄고 나니 들리는 소리는 배 옆을 스쳐 가는 물살 소리와 우리 머리 위에서 돛폭을 휘감으며 양력을 만들어주는 고마운 바람소리뿐, 자동항법장치를 가동하고 뱃머리에 걸터앉아 동생이 준비한 차가운 칼라만시 주스 한 잔을 들이켜니 나는 사라지고 바다 위에 반짝이며 부서지는 은린만 남는다.

두어 시간 항해 중 문득 직류 발전기의 시동 문제점이나 고쳐봐야겠다는 생각이 들었다. 미국의 폴라마린사에서 제작한 20kW 직류 발전기는 9kW짜리 두 개의 직류 모터와 함께 우리 배의 주 추진 동력원인데 처음 시동을 걸 때는 한 방에 걸린다. 문제는 어떤 이유 때문인지 몰라도 한 번 발전기를 껐다가 다시 켜면 시동이 잘 걸리지 않아 항상 애를 먹었다. 발전기의 엔진은 볼보 사 제품으로 모든 운영체계는 GUI를 사용한다. 내가 가지고

20kW 직류 발전기 수리

다니는 노트북에 앱을 깔고 그 앱을 사용해 미세 조정을 하도록 되어 있어 정작 발전기 자체는 손을 댈 필요가 없었다.

배는 빠른 속도로 시원하게 남하하고, 일행은 모두 선교에서 남쪽 바다의 범주를 즐기고 있었다. 나는 통신선으로 발전기와 노트북을 연결하고 이것저것 살펴보며 무엇이 문제인지 짧은 지식을 총동원해 발전기를 점검해보았다. 한 30분 씨름한 후 시동을 걸었는데 안된다. 두 번, 세 번, 네 번…. 기름 공급 라인, 시동용 배터리는 모두 정상인데 엔진이 걸리지 않는다. 공연히 긁어 부스럼이 되었다. 갑자기 가슴이 덜컥 내려앉는다. 발전기가 없으면 우리 배는 꼼짝도 못한다. 당장 오늘 오후 목적지에 도착해도 돛을 내리고 기주로 정박 장소까지 가야 하는데….

일단 일행들에게 이 불행한 사실을 알리고, 목적지까지는 가보기로 했다. 그래도 바람이 좋아 지체없이 달려서 2시 조금 넘어 코끼리

기대를 저버린 코끼리섬

섬에 도착했다. 우선 바람이 없는 만곡진 곳으로 가서 돛을 내렸다. 이제 섬 쪽으로 다가가기 위해 선실 전기 공급용 발전기인 9kW 커밍스의 오난 발전기를 켰다. 이 발전기가 만들어내는 교류 220V를 직류 144V로 전환한 후 모터에 공급하면 아쉽지만 각각의 모터를 5A 정도로 돌릴 수 있다. 물론 우리 배의 배터리는 충분히 충전되어 있어서 전력은 어느 정도 여유가 있었다.

차트플로터 상에서 수심 5~8m권으로 이동해 앵커 투척을 명했다. 발전기를 고치는 것도 중요하지만 일단은 섬을 한 바퀴 구경하고 상황을 판단하기로 했다. 배가 고정된 것을 확인하고 3mm 간편한

슈트로 바꿔 입고 스노클링을 시작했다. 바닥은 산호보다는 주로 모래밭과 수초들이 군락을 이룬 평평한 지형으로 가끔씩 조그만 크기의 가오리들이 떼로 몰려다니고 앵무고기 몇 마리만 눈에 띌 뿐 구경거리는 별로 없었다. 피닉스아일랜드의 김 팀장이 광어를 발견하고 작살을 가지고 다시 들어갔으나 소득이 없었다.

섬은 길게 남북으로 누워 있는데 나지막한 모래톱 위에 야자수만 무성하다. 큰바람을 막아주기도 힘든 지형이고 민가가 한 채 보일 뿐이다. 도대체 헨리는 무엇을 보고 이 섬에 꼭 들러보라고 권했을까? 전화조차 안 터졌다. 가지고 온 위성전화를 켜서 꼭 필요한 통신만 하도록 지시하고 텐더보트를 내려 섬을 둘러보기로 했다.

1시간여 민가를 포함하여 모두 보았으나 볼거리는 없고 그저 남의 간섭 없이 몇 날이고 지내기는 좋은 곳이었다. 우리나라 사람들은 이런 곳을 좋아하지 않지만 독일 친구들은 이런 곳만 좋아한다. 모래톱에서 찜질을 하고, 야자나무 그늘에서 독서하고 낮잠도 자고, 배에서 요리도 해 먹고…. 그런데 우리는 지겹다. 모두 모여 상의하고 내일 아침 바로 이곳을 떠나 부수앙가마리나로 향하기로 했다.

밤에 소변을 보려고 배 밖으로 나왔다. 별들이 모두 내려와 바닷속에 있었다. 칠흑같이 어두운 바다는 야광충이 발광하는 불빛으로 온통 녹색과 주황색이 섞여 번쩍거렸고, 가끔 지나가는 고기들의 움직임도 야광충에 의해 마치 어뢰가 지나가듯 번쩍거리며 밤바다를 수놓는다. 하늘을 올려다보니 남십자성과 그 주변으로 갑자기 무수한 별똥별의 군무가 한밤 나그네의 혼을 흔들며 수평선 너머로 사라진다. 아, 소원이라도 빌걸….

상갓 리조트 도착

# 발전기가 고장 나다

☆

　밤에 위성전화를 이용해 기술 지원을 맡고 있는 부산 마린크레프트 이원부 대표와 통화를 하며 이것저것 발전기를 되살릴 방법을 알아봤으나 허사였다. 일단 스타터(시동 모터)가 작동하지 않는 것은 확인했다. 멀쩡하던 스타터가 왜 갑자기 고장이 나는가 말이다.

　모든 고장은 예고 없이 날 수 있다. 밤늦게 표 항해사가 스타터를 분해하여 살펴보고 고장이 난 게 확실한 것 같다고 말한다. 문제는 필리핀에서도 가장 외진 팔라완 지역에서 어디를 가야 이 스타터를 고치거나 구입할 수 있을지 난감할 따름이다. 푸에르토 갈레라에 있는 헨리와 통화가 되어 자초지종을 말했더니, 우리가 다음 목적지로 정한 부수앙가마리나로 가는 길목에 있는 상갓 리조트에 엔진 기술자가 있단다. 자기 이름을 말하면 스타터 정도는 고쳐줄 수 있을 것

스타터 모터 점검

이라며, 전화를 미리 해놓겠다고 친절하게 안내해준다.

만일 고칠 수 없다면 일단 항해를 중단하고 귀국한 후 다음 일정을 잡을 수밖에 없다. 무거운 마음으로 밤을 보내고 아침을 맞았다. 지체 없이 앵커를 올리고 섬을 빠져나갔다. 남은 배터리를 아끼려고 9kW 오난 발전기를 가동하며 넓은 해협 쪽으로 나서자 고맙게도 바람이 오른쪽에서 들어온다. 돛을 올리니 쉽게 7~8노트가 나온다. 상갓 리조트까지는 17해리 정도, 2~3시간이면 도착 가능하다. 그래, 이럴 때일수록 긍정적인 사고가 최고야.

하지만 10마일쯤 달렸을까? 갑자기 바다 한가운데에서 바람이 사라져버렸다. 남은 거리는 6~7마일(10km) 정도…. 그냥 표류할 수 없어 발전기를 가동하고 모터 두 개를 5A 정도 쓰도록 스로틀을 조정했다. 우리 배의 프로펠러는 분당 120RPM 이하로 천천히 돌기 시작했고, 배는 2노트 정도의 느린 속도로 상갓 리조트를 향해 북상했다. 제발 조류가 도와주길 바랐지만 어떤 때는 1노트 이하의 거의 움직임을 느낄 수 없는 속도가 나와 애간장을 태웠다. 3시간여 지나 우리는 간신히 상갓 아일랜드 다이빙 리조트 앞바다에 도착했다.

서둘러 텐더보트를 몰고 상갓 리조트로 갔다. 동생과 김 팀장은 리조트 시설을 둘러본다고 갔고, 나는 표 항해사와 함께 헨리가 알려준 엔지니어를 찾았다. 오른쪽 건물에 있는 작은 기계실에서 엔지니어 친구를 만나 우리가 가져간 스타터를 고쳐보기로 했다. 일단 12V 배터리를 가져와 양극 전선을 스타터 단자에 연결하고 음극선을 스타터 보디에 살짝 대어보니 윙~ 하면서 스타터가 돌아간다. 고장이 아닌 것이다. 그 친구는 내 얼굴을 보며 씩 웃더니 "No problem!"을 외친다. 순간 나는 가슴이 오히려 턱 막혔다. 이젠 큰일 난 거다. 이 조그만 스타터가 고장이라면 고쳐 조립하면 끝이지만, 스타터가 고장이 아니라면 전자 쪽이 문제일 수 있다. 이건 정말 미국 친구들 도움을 받으며 본격적으로 고쳐봐야 하는 건데 이곳에서는 불가능하다.

부수앙가마리나에나 들어가면 가능할까? 이 친구에게 자초지종을 설명했더니 부수앙가마리나에는 아무것도 없단다. 수빅이나 마닐라로 나가면 모를까. 와, 머릿속이 복잡해지고 멍해졌다.

에라, 일단 점심이나 먹고 생각하자. 일행을 불러모아 제대로 된 식당에서 새우 요리를 먹었다. 이 리조트는 독일계 친구들이 운영하는 곳으로 생각보다 규모가 컸다. 밖에서 보면 야자나무밖에는 안 보이는데 수백 명이 생활할 수 있는 규모였고, 또 현재도 투숙객이 많았다.


표 항해사와 배로 돌아와, 고장이 아닌 것으로 판명된 스타터 모터를 다시 조립했다. 커피 한 잔을 부탁하고 다시 노트북을 열고 통신선을 발전기에 연결했다. 도대체 잘 되던 발전기가 무엇 때문에 시동조차 안 걸리는 걸까? 다시 조목조목 검토해보기로 했다. 앱을 열어로그인한 다음 한줄 한줄 체크했다. 원하는 전압, 최고·최저치 전류, 최고·최저치 엔진 온도와 압력, 냉각 방법 등등 수십 가지 조건들을 따져보고 합리적인 수치를 입력하고 확인하며 한 줄씩 조사해 내려가는데 스타터와 관련된 조건들도 있었다. 스타터의 RPM, 가동시간 등을 보고 있는데 다음 항목이 스타터모터의 engage와 disengage 관련인데 설정값이 0으로 되어 있다. 순간 좋은 느낌이 팍! 아드레날린이 마구 솟아난다.

배의 시동을 걸기 위해서는 먼저 조그만 시동 모터를 이용해서 크랭크축을 돌리는데 엔진이 걸리면 스타터가 엔진에 걸린 기어에서 빠져나와야 주 엔진이 자유롭게 가동된다. 스타터가 못 빠져나오면 타버리든가 더 큰 고장으로 이어진다. 그럼 엔진이 몇 RPM으로 돌 때 스타터가 빠져나오는지 값을 설정해놓아야 하는데 이게 왜 '0'으로 세팅되어 있지? 일단 600RPM으로 입력하고 확인을 눌렀다. 이것이 문제인 듯한 직감이 와서 나머지는 보지도 않고 맨 아래 set 버튼을 눌러 지금까지의 입력 수치들을 고정하고 발전기가 있는 엔진룸으로 들어갔다. 찬찬히 살펴보며 다시 한 번 외관상 문제가 없음을 확인했다. 다시 살롱으로 돌아와 노트북에 있는 시동 절차대로 마우스를 눌러 순서에 맞춰놓고 '시작' 버튼을 클릭했다. 따르르륵 하는 연료 펌프 순환 소리가 들리더니 시동 모터가 클클클…. 별안간 윙~ 하며 시동이 걸렸다. "야호!" 나는 큰소리로 환호했고, 선교에 있던 대원들도 기뻐서 아래로 뛰어내려왔다.

내가 고친 것이다. 24시간 동안 쌓여 있던 모든 스트레스가 한 방에 날아가고 너무 행복해졌다. 발전기 모니터를 확인하니 전압, 전류

회전수가 모두 정상으로 돌아왔다. 우리는 기쁜 마음으로 다시 리조트에 돌아가 사진도 찍고, 리조트 시설물들을 구경하고, 전망대에서 산 미구엘 맥주를 마시며 느긋하게 오후를 즐겼다. 모두들 표정이 싱글벙글이다.

이곳에 오는 사람들은 대부분 유럽인들이었다. 그들의 목적은 2차 세계대전 때 침몰한 일본군 전함들을 구경하는 렉 다이빙인데, 우리가 있는 곳에서 20마일 이내에 총 다섯 대의 일본군 전함이 침몰되어 있었다. 우리는 상갓 리조트에서 서북쪽으로 30분 거리에 멋진 바다 온천과 정박용 무어링 볼이 있다는 것을 알고 어두워지기 전에 서둘러 그곳으로 가기로 결정하고 계류 줄을 풀었다.

주 동력원인 폴라마린 발전기가 부드럽게 가동하자 배는 6노트의 속도로 느긋하게 달린다. 나는 상갓 리조트의 왼쪽을 끼고 돌아 새로운 정박지로 뱃머리를 돌렸다. 콧노래가 절로 나오고 세상을 다 가진 듯한 기분이 들었다. 바그너의 '탄호이저 서곡'과 '발퀴레의 기행'을 크게 틀어놓고 선교에서 앞을 바라보니 마치 이 모든 사건들이 현실이 아닌 꿈속같이 아련해졌다.

올림피아마루호 렉 다이빙

# 맹그로브 숲의 노천온천과
# 난파선

상갓 리조트에서 설치한 무어링 볼 중 왼쪽 마지막 것은 벼랑에서 20m 정도 이격되어 있었다. 이곳은 상갓 리조트 앞바다보다 바람도 없고 우리 배만 있어 한갓지고 좋았다. 우리는 배를 고정시키자마자 부지런히 텐더보트를 몰아 조금 떨어진 맹그로브 숲에 있다는 노천 온천을 찾아나섰다. 바다에서 진입하는 입구는 누가 봐도 쉽게 찾을 수 있었다.

수심 1m 남짓한 깊이로 숲을 가로질러 육지 쪽으로 맹그로브나무 들을 베어내고 진입로를 만들어놓았다. 입구에서 엔진을 끄고 노를 저어 들어가다가 종아리 정도 깊이가 되자 한 사람이 내려 배를 천천히 끌고 진입했다. 배가 더 갈 수 없는 곳까지 가서 모두들 내려 걸어 들어가는데 바닷물이 따끈따끈하다. 오른쪽으로 돌아 육지와 맞닿은 바닷가 벼랑 밑에 서너 사람은 충분히 들어갈 크기의 온천이

코론섬 주변의 격침선 렉 다이빙 포인트

하나 있었다. 이곳은 배를 타야만 들어올 수 있는 곳이라 우리 외에
는 아무도 없었다. 물은 해수인데 온도는 38~40도 정도 되었다. 보
기에도 이곳은 온통 온천물이 솟는 곳인데 맹그로브나무들이 이 뜨
거운 물속에 뿌리를 내리고 잘 자라는 것이 신기했다. 하긴 100도,
200도가 어떤 생물에게는 아무것도 아닐 수 있으니까.

우리는 10여 분 몸을 담그고 온천을 즐긴 후 서둘러 배로 돌아갔
다. 우리 배가 정박 중인 근처에 2차 세계대전 때 침몰된 배 한 척이
35m 물속에 잠겨 있고 이걸 보기 위한 렉 다이빙을 하기로 한 것이
다. 사실 온천에서 더 시간을 보낼 이유도 없었다.

스쿠버 장비를 챙겨서 대충의 위치를 정하고 태평양전쟁 때 침몰

당한 배의 위치를 찾았다. 배 위에 스티로폼 볼로 만든 부표가 있다고 했는데, 김 팀장이 그것을 발견해서 우리는 곧장 잠수를 시작했다. 나는 다이빙 초보자고, 잠수하려는 곳의 수심이 35m여서 8kg의 납을 차고 들어갔다. 바다 밑까지 줄이 연결되어 있어 그걸 잡고 하강을 시작하는데 가이드라인에 해초와 조개들이 들러붙어 있다. 아무래도 배로 안내하는 가이드라인이 아닌 것 같다는 생각이 들었다. 아니나 다를까, 김 팀장을 따라 두 번째로 내가 내려갔는데 바다 밑바닥이 펄밭이었다. 배는 없었다. 모두 수신호를 이용해 해수면으로 되돌아가는데 나는 김 팀장 지시대로 5m 수심에서 잠시 머물며 질소를 체내 밖으로 내보낸 후 바다 위로 나왔다. 다들 엉뚱한 곳으로 내려갔다 와서는, 잠시 농담을 주고받으며 웃고 떠들며 쉬다가 다시 부표를 찾아다녔다. 그곳에서 멀지 않은 곳에 침몰된 배 이름이 적힌 부표가 발견되었다.

다시 하강하는데 가이드라인이 깨끗했다. 배는 수심 35m 아래에 모로 누워 있었다. 올림피아마루라는, 전쟁 물자를 나르던 수송선이었다. 이름 모를 기둥들 사이로 수많은 고기들이 서식하며 빙빙 돌고 있었다. 우리는 천천히 배의 이곳저곳을 살펴보며 70여 년 전 이곳에서 미국을 상대로 전쟁을 벌였던 일본을 생각했다. 지금은 대등하게 그들을 대하지만, 우리보다 100년 먼저 근대화를 시작하고 유럽 열강들과 어깨를 나란히 하며 전쟁을 벌였던 그들은 어떤 면에서 보면 대단하다 아니할 수 없다.

조상이 못나 근대 격동기에 우리는 한 번 그들에게 먹혀 36년간이나 종살이를 했다.

올림피아마루호 내부

극일은, 일본에게 사죄를 받겠다고 말로만 떠드는 극일이 아니라 그들보다 노력하고 법과 질서를 잘 지키고 공부도 열심히 하고 사업도 열심히 해서 언젠가 그들이 우리를 본받을 민족으로 알고 존중하고 존경할 때 완성되는 것이다. 허구한 날 정신대가 어쩌고 배상이 어쩌고 소녀상을 철거하니 마니… 70여 년 지난 일을 쪽팔리게 들추어대면 뭐가 좋은가? 그런 문제 하나 대국적으로 국민들을 설득시킬 지도자가 안 나오는 것이 우리나라의 비극이다. 19~20세기 초 물고 물리고, 먹고 먹힌 세계사를 보고 각성하고 다시는 남에게 당하지 않도록 하는 것이 진짜 애국이고 극일 아닐까? 담배꽁초 함부로 내던지고 신호등 하나 제대로 못 지키면서 무슨 극일인가?

다이빙 중에 만난 라이언피시

    중성부력을 유지하려고 노력하는데 자꾸 아래쪽이 무겁고 처지는 느낌이다. 조금씩 공기를 슈트에 불어넣으면서 유영을 하는데, 수평으로 움직이지 못하고 상체가 위로 서서 유영하는 자세가 어쩐지 어색하고 부자연스럽다. 그리 크지 않은 배여서 10여 분 만에 볼 것은 다 보았다. 공기도 절반 정도 남아서 다들 사진도 찍고 오르락내리락 이곳저곳을 잘도 다니며 구경한다. 세 명 모두 마스터급이니 오픈워터급인 나와는 상대가 안 된다.

    올라가겠다는 신호를 보낸 후 나는 먼저 천천히 올라갔다. 김 팀장이 나와 같이 올라오며 중간에 감압하는 것을 도와주었다. 보트에 올라가서 쉬고 있는데 동생과 표 항해사도 나왔다. 나는 배로 돌아가면서 왜 나의 유영 자세가 수평이 안 되는지 물어보았으나 시원한 답변을 듣지 못했다. 모두 배로 돌아온 뒤, 김 팀장이 자신의 공기통은 아직 많이 남았다며 배 밑에 큰 고기가 있을지 보겠다고 다시 물에 들어갔다.

나중에 장비를 점검하다가 내가 차고 들어간 납이 8kg이 아니라 16kg인 것을 발견했다. 납주머니에 들어간 납이 1개에 2kg이었는데 그걸 모르고 양쪽에 4개씩 넣어준 것이다. 이런 친구들. 마스터 자격증이 있으면 뭐하냐고, 이런 간단한 것을 실수하다니…. 그러니 수평 유지가 안 되고 자꾸 허리 아래가 처질 수밖에.

우리는 다음 일정을 상의했다. 어차피 이번 항차에는 배를 가지고 제주로 돌아가지 못하므로 어딘가 배를 잘 정박시켜놓고 귀국했다가 다음 항차를 기약해야 한다. 일단 부수앙가마리나에 가보고, 좋으면 그곳에 놔두고 그렇지 못할 경우 안전한 수빅마리나에 놔두는 것으로 결정했다.

내일 아침 부수앙가마리나에 가보기로 하고 모두들 선실에 들었다.

# 바다뱀 침입 사건

☆

　느긋한 아침 식사 후 9시경 배를 출발시켰다. 돛을 올렸으나 바닷길이 섬과 섬 사이에 막혀 바람이 거의 없다. 곳곳에 많은 양식장이 있었는데 역시 해초를 키우는 곳이 많았다. 서두르지 않고 5노트 속도로 달려 부수앙가마리나 입구에 도착했다. 그런데 막상 도착해보니 여러 대의 배들이 정해진 자리에 정박해 있었지만 폰툰 시설은 없었다. 들고 나려면 텐더보트를 이용해야 한다. 우리가 도착하니 멀리 산언덕에서 마리나 관리 요원이 나오더니 한 장소를 가리키며 그곳에 배를 대라고 한다.

　배를 대고 모두 육지로 나왔다. 마리나 시설이라고는 관리실과 달랑 식당 하나만 있을 뿐이다. 그래도 여직원 둘이 친절하게 이것저것 답변해준다. 한 달 정박료는 우리 돈 20만 원 정도이고, 코론 시내까지 하루에 버스가 서너 차례 오간단다. 택시로 가면 요금만 10만 원

부수앙가마리나. 멀리 정박 중인 벗삼아호가 보인다.

정도. 이곳은 있을 곳이 못 되었다.

우리는 새우 요리를 시켰는데 그럭저럭 먹을 만하다. 아마도 오늘 하루 이 식당에서 정식으로 밥을 사 먹는 사람들은 우리가 유일할 것이라는 생각이 들었다. 식사 후 식수를 받을 수 있느냐고 물으니 수도가 있는 쪽으로 배를 가지고 오란다. 요금은 CBM으로 계량하여 지불하면 된다고 알려준다. 우리는 물을 받고 바로 코론 시내가 보이는 곳으로 이동하기로 결정했다. 우리나라 사람들은 배를 타고 여행을 다녀도 이런 적막한 곳에서는 못 견딘다. 무조건 전화가 터지고 인터넷도 되고, 나가서 시장을 보고 식당에서 식사를 할 수 있는 곳이어야 체류가 가능하다.

배를 움직여서 수도가 있는 만 안쪽으로 나아갔다. 조악하게 만들어진 접안 시설이 눈에 들어온다. 그런데 배를 잠깐 세우고 해도를 보다가 깜짝 놀랐다. 수심이 너무 얕아 진입이 어려울 수도 있을 것 같았다. 후진 기어를 넣고 바다를 보니 회전하는 프로펠러에 쓸려나오는 흙탕물이 수심이 엄청 얕음을 알려준다. 나는 천천히 휠을 돌려 배를 빼내고 접안 시설에 서서 우리를 기다리던 여직원에게 급수를 하지 않고 그냥 가겠다고 작별을 고했다. 그 길로 배를 돌려 코론 시내 쪽으로 오던 길을 되돌아가기 시작했다.

마침 뒷바람에다 요트 경기 경험이 많은 김 팀장이 있으니 우리가 가지고 있는 제네이커 돛을 시험해보기로 했다. 돛 포대를 꺼내 스핀 헬리어드에 달아 올리며 양쪽 제네이커 시트를 윈치에 잘 감고 준비하여 바람에 대비했다. 퍽~ 하면서 주돛보다 1.5배는 큰 제네이커 돛이 우리 앞에 펼쳐지며 바람을 받았다. 풍속이 10노트 미

부수앙가마리나 둘러보기

만이라 배는 3~4노트 속도가 나왔다. 그래도 발전기를 끄고 순수한 풍력으로 나아가니 틀어놓은 음악이 그럴싸하게 선교에 울려퍼진다. 30~40분 기분 좋게 범주하며 남쪽으로 내려갔으나 어느 순간 바람은 멎고 돛폭이 펄럭인다. '아, 좋았는데….'

클럽에서의 식사

다시 제네이커 돛을 내려 보관하는 자루에 담고 발전기를 가동했다. 4시 조금 지나 어제 들렀던 상갓 리조트를 통과했다. 여기서부터 시내 앞바다까지는 10마일 남짓, 6시 전에 도착 가능하다. 우리가 가는 방향 쪽에서 수많은 방카선들이 하교하는 학생들과 퇴근하는 직장인들을 태우고 우리를 스쳐 지나가며 손을 흔들었다. 물끄러미 앞쪽을 보고 있으면 바다뱀들이 이곳저곳에서 눈에 띈다. 물 위에서 헤엄을 치다 우리 배가 지나가면 물속으로 들어간다. 바다뱀은 독니가 입 안쪽 깊숙한 곳에 있어 생각보다 위험하지는 않다. 물론 물리면 독이 있어 사망할 수도 있지만 말이다.

코론 시내가 눈에 들어오고 앞바다에 모노헐 한 척이 앵커를 내리고 있다. 우리도 적당한 자리에 배를 세우고 닻을 내렸다. 지나가는 방카선을 불러세운 후 연료를 공급해주는 배가 있느냐고 물으니 연락해준단다. 어차피 수빅까지 가려면 한 번은 주유를 해야 한다. 동생이 시내에 나가 부식거리도 사고 경유를 실어올 배를 불러오겠다

제네이커 돛을 펼치고

며 텐더보트를 타고 나갔다.

한참 지나 경유 드럼통을 실은 방카선이 와서 우리 배에 주유를 했다. 보름 전 푸에르토 갈레라에서 경유를 가득 채우고 보라카이를 걸쳐 바다를 이리저리 돌아다녔지만 300리터도 쓰지 않았다. 40평 아파트 크기만 한 배가 돌아다니는 건데, 그러고 보면 참 경제적이라는 생각이 들었다.

주유 방카선이 가고 좀 쉬려고 선실로 내려갔다가 깜짝 놀랐다. 80cm는 되어 보이는 바다뱀이 바닥을 기어다니고 있었다. 처음에는 내 눈을 의심했다. 표 항해사가 내려와 수건으로 움켜잡아 바다에 내다버렸다.

놀랄 일이다. 도대체 바다뱀은 어디로
들어왔을까? 아무리 생각해도 답이 안 나
온다. 우리 배의 선체는 두꺼운 FRP로 만
들어졌고 어떤 구멍도 뱀이 들어올 수가
없는 밸브가 달려 있다. 물이 들어올 수 없
는 구조라 뱀이 들어올 수 없는 것이다. 그
렇다면 후미 계단을 타고 올라와야 하는데
몇 개의 계단을 뱀이 넘어 올라오는 것은
거의 불가능하다. 정박 후 행여 계단을 타
고 올라왔다고 해도 콕핏을 지나고 살롱을

선실에 침입한 바다뱀

지나 내 방으로 진입했다는 것이 믿어지지 않는다. 정말 미스터리한
일이다.

우리는 푸짐한 돼지고기 김치찜을 해서 저녁을 먹으며 온통 바다
뱀 이야기만 했다. 물론 아무도 답을 내놓지는 못했다. 배를 타고 여
행을 다니다 보면 참 믿기 어려운 일들이 많기도 하다. 어렸을 때 읽
었던 걸리버 여행기도, 아라비안나이트도, 신드바드의 여행도 모두
그렇게 쓰여 있어 우리의 상상력을 자극하지 않았는가? 그래서 요트
여행은 그 자체가 환상이다.

바람이 바뀌면서 내 방의 창을 통해 멀리 코론 시내 높은 곳에 써
놓은 'coron'이라는 글씨와 십자가가 눈에 띈다. 내일은 또 어떤 항
해가 우리를 기다리고 있을까?

코론섬의 상징 타피야스산 전망대와 십자가

아포리프 도착

# 필리핀 최고의 해상공원
# 아포리프

⭐

    민도로섬 서쪽으로 약 30km 떨어진 민도로해협 난바다에 아포리프라고 하는 필리핀 최고의 해상공원이 있다. 계절적인 영향과 생태계 훼손을 방지하기 위해 봄·가을 몇 개월만 관광객들에게 개방하는지라 웬만큼 계획을 세우지 않으면 방문 자체가 어렵다. 주로 유럽 관광객들이 다이빙과 스노클링을 즐기기 위하여 찾아오는데 사방 10km, 약 100km² 바다가 전부 수중 산호섬이다. 섬이라고 하면 무언가 바다 위로 삐쭉 올라온 것을 상상하지만, 이곳은 관리를 위해 해경, 해군, 환경청 등에서 파견한 직원들 몇 명이 거주하는 작은 등대가 있는 조그만 섬 하나만 제외하고 모든 지역이 수심 1~50m권의 수중 산호초 지대다. 물론 이 지역을 벗어나면 수심이 급격히 깊어져서 보통 500m에서 1,000m권이다. 마치 깊은 바다에 폭 10×10km의 육면체가 위로 불끈 솟아오른 것 같은 기가 막힌 곳이다.

아포리프 관리소. 위의 문구가 재미있다.

아포리프는 우리가 있는 코론에서는 뱃길로 65해리 정도 떨어져 있어 10시간 정도 항해를 해야 한다. 아침 일찍 김선일 팀장을 코론 시내에 내려주고 우리는 7시 반 코론 앞바다에서 돛을 올리고 항해에 나섰다. 바로 만나게 되는 코론 패시지는 항상 바람이 변수다. 마침 잔잔한 아침 시간이어서 1시간 정도 더 걸리기는 했지만 쉽게 빠져나왔다. 마타야섬을 오른쪽으로 끼고 북상할 때 때맞춰 동풍이 터졌다. 이럴 때는 "야호!" 소리가 절로 나온다. 모든 게 척척 맞아 돌아가는 느낌이다. 아포 웨스트 패스를 지나 아포섬을 목표로 기세 좋게 7~8노트 속도로 내달렸다.

요트를 타보면 7~8노트(시속 14~15km)가 얼마나 빠르고 통쾌한 속도인지 알 수 있는데 글로는 설명이 어렵다. 더더욱 이곳은 민도로섬에 가려져 파도가 없기에 선체의 진동도 없다. 돛은 팽팽하고 선교에 앉아 있으면 시원하다. 앞돛과 주돛의 균형이 맞고 배의 무게중심과 돛의 풍압점이 일치할 때 배는 떨림이 없고 세팅한 자동항법장치가 정해준 항로대로 쭉쭉 밀고 나간다. 바람이 좋아 8노트 넘는 속도가 나오면 배에 탄 모든 식구들은 싱글벙글한다.

요트의 세계에서는 8노트가 꿈의 속도다. 차를 운전할 때는 시속 15km가 느리게 느껴지지만 배를 몰다 보면 엄청 빠른 속도라는 것을 알게 된다.

점심 식사 후 커피 한 잔을 마시고 선교의 그늘진 곳을 찾아 음악을 듣다 낮잠을 즐겼다. 바람의 방향이 바뀌지 않고 지속적으로 한 방향에서 불어주니, 가끔 고개를 들어 먼 수평선을 바라보며 고깃배가 있는지 확인하거나 혹시 어구들이 우리 항로상에 있는지 지켜보는 것 말고는 할 일이 없었다. 하지만 오후 들어 예보대로 역시 바람이 잦아들었다.

속도가 4노트대로 뚝 떨어진다. 도착 예정 시간이 오후 4시에서 6시로 늘어진다. 하지만 생전 처음 가는 곳이라 더 늦어져서 캄캄한 밤에 들어가는 것은 곤란하다. 발전기를 켜고 스로틀을 지그시 밀어 각각의 모터 출력을 20A로 조정했다. 바람에 더해 스크루가 돌기 시작하자 다시 7노트까지 속도가 올라갔다. 내가 항해하는 방식은 이렇다. 굳이 힘들게 떨어진 속도에 맞춰 다니는 것을 싫어한다. 일단 목적지가 정해지면 무조건 최선을 다해 기름을 아끼지 않고 빨리 도

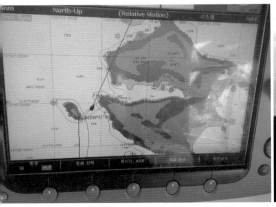

섬처럼 보이는 세계 두 번째 크기의 산호초 군집          아포리프 등대

착하는 것을 선택한다.

잔잔한 제주 바다에서 식구들과 낚시를 하거나 친구들을 태우고 앞바다 유람을 나갔다면 천천히 다녀도 된다. 하지만 우리는 장거리 요트 크루징이다. 관광이 목적이니 가급적 빨리 가는 것이 좋다. 아니, 계획했던 속도로 가는 것이 정답이다.

4시 30분 조금 지나 아포섬에 도착했다. 섬 남쪽 적당한 위치에 정박용 부표가 떠 있었다. 배를 대면서 바다 밑을 보니 와~ 수많은 고기들이 우리 배를 둘러싸고 회유하고 있지 않은가? 노란 지느러미에 하늘색 몸통, 크기는 30~40cm 정도 된다. 역시 대단한 곳이다. 얼른 발전기를 끄고 바다로 뛰어들었다. 수심은 20여m, 그런데 회유하는 물고기 떼 저 아래 상어들이 웅크리고 있는 것이 눈에 들어온다.

텐더보트를 타고 섬에 상륙하여 신고 절차를 마쳤다. 1인당 하루에 5만 원 정도 입장료를 내고, 배도 하루에 10여만 원을 내야 한다.

아포리프 산호지대에 서식하는 상어들

스쿠버다이빙은 하루 15만 원, 스노클링은 안 받는단다. 스쿠버다이빙은 한 사람만 하겠다고 신고하고 우리 세 사람의 이름과 여권번호를 적었다. 근무자 중 주임쯤 되는 친구가 우리가 섬을 구경할 수 있도록 안내했다.

조그마한 크기의 섬인데 섬 가운데 큰 염호가 하나 있다. 물이 맑고 깨끗하다. 이곳에는 관광객들에게 제대로 된 라군 지역을 구경시켜주기 위해 곳곳에 밧줄을 매어놓고 뗏목을 준비해두었다. 직원의 지시대로 뗏목을 타니 줄을 천천히 당기면서 뗏목을 몰아 라군 지역 여러 곳을 구경시켜주었다. 이곳은 물고기보다는 갑각류와 새들의 천국이다. 등대도 올라가보았다. 멀리 바다에 떠 있는 우리 배가 조그맣게 보인다.

섬을 구경하고 나서 본격적으로 바닷속을 보기 위해 계류했던 곳에서 나와 더 깊은 산호 지역 가운데쯤 들어가 적당한 부표에 다시 배를 묶었다. 곳곳에 배를 정박시킬 수 있는 부표가 많았다. 하긴 이곳에 닻을 내리도록 하면 산호 지대가 엄청나게 훼손될 것이다. 자다가 새벽 2시쯤 일어나 뱃전에 나가보니 멀리 스쿠버 보트들이 몇 대 도착하여 부산하다. 아마도 저녁때 민도로섬에서 출발했을 것이다. 이곳에서 야간 다이빙을 한 후 잠을 자고 내일 아침 곳곳을 탐사할 예정인 것 같았다.

다음 날 아침부터 우리는 질리도록 스노클링을 즐겼다. 주로 20m권 골짜기로 형성된 클리프 지역에서 각종 산호와 조개류, 수많은 물고기들을 구경했다. 동생은 수경만 쓰고 10여m를 내려가 유영하며 바닥을 구경하고 올라오곤 했는데 나는 불과 5m만 내려가도 귀가 터질 정도로 아팠다. 감압을 하려면 코를 잡고 킁~ 하고 불면 되는데, 그것도 일일이 내려갈 때마다 해야 하니 쉽지 않았다. 그냥 팔짱 끼고 천천히 물 위를 떠다니면서 구경하는 것이 최고다.

그것도 서너 번 해보면 사실 볼 것이 더 없다. 바닷속 모습이라는 것이 다양한 것 같아도 한참 보면 그게 그거다. 비슷한 크기의 고기들과 산호초 군락은 아름답고 신비하지만 이번 항해에서 늘 접해본 광경이니 특별할 것도 없다. 산호 지역에서 사는 상어들이 특별하긴 했다. 이놈들은 띄엄띄엄 바닥에 엎드려 있는데 크기는 1.5~2m 정도다. 내가 자기들 위로 지나가면 경계심을 보이며 얼른 앞쪽으로 도망친다. 순해 보이지만 밤에는 무시무시한 포식자로 돌변한단다.

돛 점검

점심 식사 후 바로 수빅항으로 올라가는 여정을 잡고 무어링 볼에 묶어두었던 계류 줄을 풀었다. 생각 같아서는 하루쯤 더 체류하며 볼거리도 찾고 느긋하게 움직이고 싶었지만 집을 떠난 지도 오래되고 이것저것 밀린 일들도 기다리고 있어서 귀국 일정을 서둘렀다.

수빅마리나까지는 140해리, 약 20시간 거리인데 중간에 하룻밤은 묘박을 하기로 했다. 지도상으로 민도로섬 서쪽 곶부리에 해발 1,500m급 칼라비테라는 높다란 산이 있는데 그 아래쪽 만곡진 곳이 정박지로 괜찮아 보였다. 6~7시간에 도착할 수 있는 적당한 거리다. 40해리⋯. 7노트를 유지하기 위해 돛을 다 올리고 모터도 가동했다. 그런데 가면 갈수록 바람이 약해지고 해류 또한 맞지 않아 시속 5노트가 고작이다.

해가 떨어지고 바다에 어둠이 깔리자 바람 또한 역풍으로 불어 아무리 돛을 조정해도 도무지 속도가 올라가지 않는다. 우리 배는 deep keel 시스템이 아니어서 바람 방향으로 항해하는 크로스홀드 항해는 효율이 떨어진다. 12시에서 바람이 온다고 가정할 때 이론상으로는 1시 30분이나 10시 30분 방향으로 양력을 이용하여 치고 올

아포리프 등대섬과 저녁노을

라갈 수 있다. 하지만 이론은 그렇고 실제로는 바람에 뱃머리가 바람 반대쪽으로 조금씩 처지며 항해할 수밖에 없어서 나중에 항해 트랙을 보면 2시 방향이나 10시 방향으로 나아가는 것이 최선이다. 목표가 12시 방향이므로 2시 방향으로 가다가 태킹하여 10시 방향으로 가기를 반복하며 지그재그 항해를 수십 번 해봐도 결국 직선 방향으로 환산하면 얼마 못 간다. 가장 효율적으로 항해할 수 있는 각을 VMG라고 하는데, 항법장치에 자동으로 계산한 값을 받아볼 수 있지만 결국 사람의 감으로 하는 것이 더 효율적이니 아이러니가 아닐 수 없다.

어두운 밤 수많은 어선들이 우리가 가는 항로 안에 어지럽게 흩어

멍때리기

져 있다. 맞바람은 점점 세지고, 우리는 어선들을 피해 요리조리 돛
을 돌려가며 밤 11시가 다 되어 목표했던 묘박지에 도착했다. 육지
와 200m쯤 이격하고 닻을 내렸다.

　피곤한 항해를 마치고 잠자리에 든 우리는 모두 그대로 곯아떨어
졌다.

마닐라 패시지

# 수빅항으로 돌아오다

⭐

새벽 일찍 일어나 항해를 서둘렀다. 100해리면 15시간 거리다. 시동을 거니 모두들 눈을 부비고 나와 앵커를 올린다. 바닥이 펄 지역이어서 올라오는 쇠사슬에 시커멓게 펄이 묻어 나온다. 옆에 있던 양동이로 물을 퍼 올려 펄을 씻어내며 천천히 닻을 올리는데 중간에 걸려서 안 올라온다. 바닥에 뭐가 걸렸는지 모터를 가속하여 살살 밀거나 끌면 움직이는 것 같은데 올라오지 않는다. 가만히 그 모양을 지켜보던 나는 모터가 헛돌고 있음을 직감했다. 이유는 모르지만 어쨌든 일행에게 손으로 끌어올리라고 하니 쉽게 올라온다. 앵커 모터의 기어가 문제인 것 같다. 또 하나의 걱정거리가 생긴 것이다.

그건 나중에 고민해볼 일이고, 돛을 올려 아침 바다를 항해하니 근심은 사라지고 상쾌한 바닷바람에 기분이 좋아져서 콧노래가 절로 나온다. 거기에 향긋한 드립 커피까지 보태니 바로 천국이다. 수빅항

185

수빅마리나 도착

으로 가기 위해서는 루방섬을 지나야 하는데 왼쪽 난바다 쪽으로 빠지면 92마일, 오른쪽 엠빌섬 쪽 수로 사이로 빠져서 올라가면 87마일, 1시간 차이가 난다. 우리는 물때도 안 맞아 루방섬 왼쪽을 돌아 올라가기로 했다.

오후 늦게 마닐라만으로 들어가는 시모뱅크를 지날 때는 3시 방향에서 불어오는 좋은 바람에 시속 8노트를 넘나들었다. 우리는 살롱에서 홀라를 했다. 아침에 출발할 때는 수빅이나 마닐라로 가는 수많은 큰 배들이 우리 앞을 가로막을 수도 있다는 생각에 긴장이 되어 정신을 바짝 차렸는데, 의외로 조그만 고깃배들만 간간이 보일 뿐 바다는 텅 비어 있었다. 홀라를 두세 번 돌리고 앞을 주시하고 레이더를 확인하고, 또 패를 돌려 홀라 한 번 하고 전방을 확인하고…. 장애물은 거의 없이 이 넓은 바다에 우리만 있는 것 같았다. 이대로 가면 예상보다 두세 시간 앞당겨 8시쯤 도착도 가능할 것 같았다.

카드 패를 보며 무엇을 버릴까 생각하다가 시선을 바다로 돌렸는데 창밖으로 무슨 깃발이 휙 지나간다. 깜짝 놀라 맨발로 뛰쳐나가 보니 큰 정치망이 우리 배의 오른쪽으로 가로질러 내려져 있고 그물

수빅마리나 전경

에 표시된 깃대가 이곳저곳 부표 위에서 펄럭이는 게 아닌가? 이런
것이 항해의 위험성이다. 방심이 큰 화로 이어질 수 있다. 배의 방향
을 포트 쪽으로 약간 돌려서 조정하고 포커 게임은 중지했다.

마닐라만을 가로질러 해발 1,200m 마리벨레스산을 오른쪽으로
끼고 돌자 바람이 죽어버린다. 거기서부터 20해리를 4시간 30분이
나 걸려 항해하여 수빅마리나에 도착하니 밤 11시가 지났다.

거의 두 달 동안 자연과 함께하며 오지만 항해하고 번잡한 도시에
돌아오니 꿈만 같다. 스타벅스, 맥도날드, 쌀국수, 한국 음식점…. 아

헨리와의 라운딩

참, 잘 터지는 카카오톡! 우리는 이렇게 도시가 아닌 곳에서 사는 데엔 한계가 있는 것이다.

아침에 헨리에게 문자를 날렸더니 그도 수빅에 와 있었다. 그는 정박료가 아까워 수빅마리나 입구에서 한 블록 떨어진 조선소 앞바다에 요트를 정박하고 지내고 있었다. 그의 딩기가 우리 배 옆에 도착하고, 오랜만에 나이 든 독일 요티와 다시 조우하고 보니 그동안 그도 스토리가 많았다. 우선 그는 골프에 푹 빠져 있었다. 푸에르토 갈레라에 있을 때는 매일 골프를 쳤고, 요즘은 독일의 텔레비전 방송

안바야코브 골프클럽의 형제

국과 계약을 맺고 다큐 한 편을 촬영 중인데 그것 때문에 수빅에 왔
단다. 그가 잡은 토픽은 필리핀 수빅에서 만드는 이탈리아 명차 마
세라티. 미국에서 마세라티 중고를 구입한 후, 수작업으로 철판을 두
드려가며 완전히 새 차를 만들어 판매하는 공장이 있어 이를 주제로
다큐를 찍어 독일 방송국에 제공하기로 했단다. 경비를 포함해 3만
5000불을 받기로 했다고 좋아한다.

　우리 배의 앵커를 보여주며 문제점을 이야기했더니, 이 프랑스제
앵커에 대해 잘 알고 있다는 듯 분해를 해보겠다고 한다. 일단 분해
가 되어야 뭐가 고장인지 알 수가 있는데 알루미늄이 자연적으로 산

화되며 용접을 한 듯 붙어버려서 도무지 앵커 드럼이 분리가 안 된다. 그런데 이 친구가 쇠망치를 달라고 하더니 텅텅 마구 두드리기 시작한다. 나는 이러다 공연히 더 큰 문제를 일으키는 게 아닌가 싶어 걱정이 태산인데 결국 못 빼내고 작업을 마무리했다. 괜히 망치 자국만 남았다. 내 표정을 보더니 미안한지, 프랑스 ROY사에 요청해서 앵커 도면을 받아보고 자기가 잘 아는 이곳 기술자에게 의뢰하여 우리가 다시 배로 돌아올 때까지 수리를 해놓겠다고 한다. 나중 일이지만, 결국 이 앵커는 표 항해사가 한국에 나갔다 돌아와서 수리를 했다.

귀국 전 근처 한국 식당의 소개로 수빅 골프장에서 두 번 골프를 쳤다. 한 번은 퍼블릭코스에 동생과 둘이 운동을 나가며 헨리도 불렀다. 이 친구가 1번 홀부터 계속 뒤땅에 토핑을 내면서 숲으로 언덕으로 늪지로 공을 찾으러 헤매고 다니더니, 13번 홀쯤에서 혼자 씩씩거리며 가방을 싸들고 인사도 없이 클럽하우스로 가버렸다. 나중에 식당에서 다시 만나 그에게 골프 매너를 알려주려고 이야기를 꺼내자마자 손사래를 치며, 앞으로 골프는 절대 안 한다고 말도 못 붙이게 막는다. 물론 나중의 일이지만, 그 후 그는 매일 골프를 치는 마니아가 되었다.


우리는 며칠 머물던 수빅에 배를 정박시켜놓고 항공편으로 귀국길에 올랐다. 한 달 후 동생이 표 항해사와 둘이서 대만 컨딩[墾丁]으로 배를 몰고 오면 나는 그곳에서 다시 벗삼아호에 오르기로 했다.

꿈처럼 아름답고 멋진 필리핀 내만 항해는 이렇게 끝났다.


190

수빅마리나

Chapter 4

김녕항으로
돌아오다

목록　　　　　　　　　　　　　　답글

동남아크루즈
## 귀국길에 오른 벗삼아호

벗삼아　추천 0　조회 62　15.04.20 20:02　댓글 0

동생이 선장이 되어 표항해사와 둘이 어제 수빅마리나에서 아침에 출항.
귀국길에 올랐다.
이 달 초만 해도 괜찮았는데 엄청 덥고 바람도 없어 낮시간대의 항해는 힘들다고
연락이 왔다.　그냥 발전기 돌려 기주트만 루손북쪽으로 올라오고 있는데
그 속도가 제법 빠르다.　평균 6~7노트, 오늘도 새벽에 출항하여 두시간후면
쌍페르난도 도착이다. 대만초입까지 남은거리 600여킬로미터.....
내가 타지않고 동생이 몰고 올라오는 배를 스팟으로 실시간 보고있자니 그야
말로 죄불안석이다.
카톡으로 밧데리 충전이 안되는것 같다든지 냉동고가 안된다는둥 이것저것
알려달라고 연락이 오면 가슴이 철렁한다.　어쩌튼 제법 속도를 내서 올라오는
것이 그래도 믿을만하다.
하지만 그들이 정박지에 도착하여 항해를 끝내기까지 나도 또한 잠 못드는 밤
이다.　그들은 필리핀 그리고 나는 제주에 있는데 문제가 있다고 내가 할 수
있는게 없다.
잘 하고 있는데 공연한 걱정인줄 알지만 어쩔 수 없다.

댓글 0　　추전해요 0　　　　　　　　　　　　스크랩 2

### 동생이 선장이 되어…

# 필리핀 수빅에서
# 대만 컨딩까지

여기는 동생인 허광훈의 이야기를 담았습니다.

## 출항 계획과 준비

3월 말까지 일반 여행으로는 다니기 어려운 필리핀 섬 구석구석을 다녔다. 수빅만 요트클럽에 벗삼아호를 정박하고, 비행기로 귀국해서 밀린 일을 정리한 후 그동안 나를 걱정하고 격려해주던 지인들을 만났다.

이제 남은 것은 '귀국 항해'다. 갈 때는 남서풍 뒷바람으로 편히 갔지만 다시 뒷바람으로 오려면 계절이 바뀌어야 북동풍을 타고 뒷바람으로 온다. 4월 말이면 뒷바람이 불겠지?

해외로 요트 여행을 다녀온 요티는 많지 않다. 대부분 가까운 일본을 다녀오는 정도인데, 필리핀까지도 거리가 만만치 않고 일정이 길어져서 손에 꼽을 정도다. 교육생을 모집해서 교육 차원의 항해나 세계 일주를 위해 떠난 요트는 있지만 순수한 여행을 목적으로 팀을 짜서, 그것도 카타마란을 타고 떠난 팀은 별로 없다. 국내에서 카타마란으로 하는 동남아 일주는 벗삼아호가 최초였다.

귀국 항로는 왔던 그대로 다시 되돌아가면 되는데, 일본은 들르지 않고 대만 북단에서 제주까지 직항하기로 결정했다. 갈 때는 대만 동쪽 해안을 타고 내려갔으니 올 때는 대만 서쪽 해협을 타는 것으로 했다.

갈 때 선장을 맡았던 형이 귀국길에는 나보고 선장을 맡아보라고 제안했다.

형은 대만 남단 컨딩에서 합류를 했다가 지룽[基隆]에서 돌아갈 테니 표 선장과 둘이서 귀국을 책임지라고 한다. 항상 보조만 해봤지 내가 직접 항해 계

출국 준비

획을 잡아본 적이 없기에 걱정은 됐지만 표 선장이 함께하니 한번 도전을 해 보기로 했다. 그래서 표 선장이 '항해사', 내가 생애 최초 '선장'이 되었다. 표 선장이 졸지에 '표항(表 항해사)'이 됐다.

　4월 13일 필리핀 클락으로 들어가자 현지에 거주하는 친구 이동구씨가 수 빅까지 데려다주겠다면서 김치며 고기며 과일까지 바리바리 싸서 따라나온 다. 이런저런 이야기 중에 함께 사는 처제네 가족이 요트를 한 번도 안 타봤다 고, 잠시라도 타볼 수 있겠느냐고 물어본다. 출항 날이 정해지면 함께 출항하 고 적당한 해변에서 내리면 기사가 차로 따라오다 태워 가는 것으로 하자고 약속을 했다.

　표 선장은 필리핀으로 출국할 때 편도 항공권으로는 입국이 안 된다는 공 항 직원과 증빙 서류를 보여주고 제도까지 설명하며 실랑이를 했어도 해결을 못 하고 결국 왕복표를 재구매한 후 탑승할 수 있었다(법적 제도도 회사의 사규는 못

수빅의 교민 가족 방문

이긴다. 이유는? 항공 시간 때문에 싸울 시간이 없어서…).

　표 선장과 함께 귀국 준비를 시작하는데 요트를 두 달 가까이 비워놨더니 제법 할 일이 많다. 치울 건 치우고, 채울 건 채우고, 고치고 점검하고 계획표를 만들었다. 여행 개념보다 딜리버리 개념이 있으니 둘이 룰루랄라 편히 가자고 큰 줄거리만 정리를 해서 역할을 정했다.

　귀항 계획을 짜고 준비를 하던 중 수빅 앞바다에서 좌초되어 육상으로 올려진 '바다아이' 선장님이 배를 수리하기 위해 수빅을 방문했다. 표 선장이 현지 친구들을 통해 수리비 견적도 도와주고 그간의 문제를 풀어주려고 바쁘게 다닌다. 나에게도 몇 가지 부탁을 하는데 해줄 수 있는 게 아니라서 한 끼 식사로 위로를 했다.

## 친구 가족과 함께 출항

4월 19일 출항 날 약속대로 동구네 가족이 아침 일찍 도착을 했다. 계류비를 정산하고 출항 신고를 한 후 수빅만을 나오는데 날씨도 바람도 모두 최고다. 그사이 수빅만을 몇 번 드나들었더니 이젠 항로도 익숙하다. 동구네 가족은 너무 좋아서 환호성을 지르고 요트 앞머리에서 뒷머리로, 위층으로 아래층으로 왔다 갔다 하며 사진을 찍고 찍어주며 거의 드라마 한 편을 찍는 눈치다. 즐겁게 반나절을 함께하고 차량이 기다리는 산안토니오 해변에서 작별을 했다. 방카선으로 옮겨 타는 친구네를 내가 배웅하는 건지, 먼 길 떠나는 벗삼아호를 친구가 배웅하는 건지… 이별은 항상 아쉽다.

잠시 정박한 사이에 오면서 발견한 문제점을 해결해본다. 열대지방이라 그런지 따개비를 제거한 지 얼마 되지 않았는데 그사이에 또 요트 밑에 다닥다닥 허옇게 이름 모를 패류들이 붙어 있어 속도가 나지 않았다. 나는 스쿠버 장비를 차고 아래쪽을, 표 선장은 스킨 장비로 위쪽을 근 1시간 가까이 작업을 했는데, 물이 맑으니 긁혀서 떨어지는 패조류도 너무 예쁘다.

동구네 가족과 함께

❶ 동구네 처제 내외 승선 ❷ 아쉬운 이별

## 고무줄빵 출국신고

특별한 문제 없이 쉬엄쉬엄 산페르난도까지 안전하게 도착했다. 그런데 출국신고를 하다가 생각지 못한 난관에 부딪혔다. 외국인은 직접 출국신고를 할 수 없고 대행사를 통하라고 사람을 소개해주었다. 따져도 소용없고 부탁해도 소용이 없어 하자는 대로 맡겼는데 세월아 네월아, 여기 갔다 저기 갔다 시간만 끈다. 그래도 다행히 여권에 출국 도장은 받았다. 수수료를 주려고 하자 잠시 기다리라던 사람이 한참을 기다려도 오지를 않는다. 시장 구경도 하고 미용실에 가서 발 안마에 발톱 정리까지 하고 왔지만 감감무소식이다. 여기저기 물어봐도 모른다고 기다리라는 대답뿐이라 할 수 없이 그냥 출항해버렸다.

산페르난도 출국수속

어차피 출국신고도 마쳤고 반나절이나 기다릴 만큼 기다려줬으니 수수료를 못 챙긴 건 본인 탓이지 바쁘다고 서둘렀던 우리 탓은 아니지 않은가. 필리핀 사람들은 한국 요트를 봉으로 안다. 1인당 50달러라는 출국수속비도 한국 사람에게만 적용된다. 이야기를 듣다 보면 20달러를 냈다는 사

머리도 깎고 발톱 손질도 하고

람도 있고, 100달러를 냈다는 사람도 있었다. 미국 사람들은 한 푼도 안 낸다. 영수증을 주는 것도 아니고 책임지는 것도 아니고 규정을 들먹이며 뜯어먹는 필리핀 사람들이 한심하면서도 불쌍하다.

날치잡이 어부

## 날치 그물

가급적 쭉쭉 올라가서 한 번도 안 가본 북단 섬에서 쉬기로 하고 순항을 하는데 표선장이 "형님 혼자 하시고 저 좀 쉬면 안 될까요?" 한다. "그래, 좀 쉬어. 무슨 일 있으면 부를게" 하고 혼자 세일을 조정하고 방향을 맞춰 나아가는데 너무 오랫동안 조용하다. 처음에는 그간 못했던 기도를 열심히 하느라 그런가보다 생각했는데 나중에 알고 보니 멀미가 나서 고생을 많이 했단다. 멀미라니…. 평생을 요트와 함께하고 둘째 가라면 서러워할 요티가 멀미라니 어이가 없다. 멀미는 책임감과 비례한다. 운전석 뒷

날치와 날치회

자리에 탄 사람은 멀미를 해도 핸들을 잡은 사람은 멀미를 안 하는 것처럼 선장을 맡으면 멀미를 안 한다. 심한 파도에 멀미가 나도 멀미를 이긴다. 긴장이 풀어지고 몸이 피곤할 때 멀미가 찾아온다.

혼자 먼바다 쪽에서 항로를 조정하며 나아가는데 멀리 방카선 2대가 보인다. 가까이 가니 나를 향해 손을 흔들고 있다. 반갑다고 인사를 하나보다 했는데 더 가까워지니 뭔가 신호를 보내는 것 같다. 나중에 보니 날치 그물을 쳐놓고 피해가라고 신호를 보낸 건데 멍하니 보다가 시간을 놓쳤다. 세일을 내리기도 늦었고 방향을 틀기도 늦어 속도만 간신히 줄였는데 스크루에 그물이 걸렸다. 놀라서 갑판으로 올라온 표 선장이 물속으로 내려가서 보더니, 풀기가 어렵다며 그물을 자르겠다고 한다.

어부한테 미안하다고 그물 값으로 얼마나 보상해주면 되냐고 하자 숨도 안 쉬고 10만 페소[200만 원쯤]를 부른다. 출국 신고 때 그냥 온 것까지 문제가 되면 어쩌나 걱정을 하는데 표 선장이 성질을 내면서 500페소[1만 원쯤]를 주며 "오케이?" 하니까 이 친구들이 바로 "오케이, 땡큐" 하면서 받는다. 10만 페소가 바로 500페소라니, 이게 필리핀이구나 하는 생각에 헛웃음이 난다. 필리핀은 일단 찔러보고 통하면 횡재고 안 통하면 말고 식이다.

"바이바이" 하고 가던 길을 가는데 아까 그 배가 우리를 부르며 급하게 따라온다. 방카선 속도가 요트보다 빠르니 무시하고 갈 수가 없어 세우고 무슨 일이냐고 했더니, 금방 잡은 날치라고 회로 먹어도 된다며 먹을 만큼 가져가라고 한다. 다섯 마리쯤 받고 고맙다고 하니 잘 가라고 하면서 배를 돌린다. 괜히 졸았고, 헷갈리게 순수한 마음엔 미안한 마음이 든다. 돌아가는 어부들을 불러서 티셔츠 한 장씩 선물로 주고 진짜 "바이바이" 했다.

## 아라파니호 연락

한국인 최초로 '단독·무동력·무기항·무원조 세계 일주'에 도전하는 김승진 선장은 우리보다 일주일 먼저 한국을 떠났다. 우리가 '놀멍놀멍' 하는 사이 어느새 세계를 일주하고 잘하면 루손해협에서 만날 수도 있을 것 같았다. 같

항해 중 통신

은 요티로서 성공을 기원하며 수시로 'SPOT'을 통해 위치를 확인하고 김 선장을 지원하는 육상지원팀 사람들과 연락을 해왔기에, 가능하다면 중간에서 랑데부 한 번 하자고 육상 지원팀장인 박주영 선장에게 연락을 했다. 좋은 생각이라고 하면서, 대신 기록에 도전하는 중이니 물품을 전달해서도 안 되고 요트에 가까이 붙어서도 안 된다며, 서로 사진이나 찍고 안부만 묻고 지나가 달라고 한다.

무료했던 항해에 목적이 생기니 바빠진다. 시간을 계산하면서 도킹 장소로 향했다. 김 선장의 아라파니호는 OCEANIS423 모델로 쌍동선인 벗삼아호보다 빠르다. 벗삼아호는 국내 한 대밖에 없는 하이브리드 요트(배터리 모터)라 장점도 많지만 저항이 심한 역조류에서는 속도가 한없이 떨어진다. 계산상으로는 우리가 하루쯤 늦게 도착할 것 같아 발전기를 돌리고 속도를 높였다. 세계 일주를 목표로 먼 길을 돌아 대기록에 도전하는 김 선장을 우리가 먼저 도착해서 환영해주고 싶었다.

## 필리핀의 땅끝마을

어느 해협이든 해협은 험악하다. 바람도 거칠고 조류도 거세다. 바람이 없어도 파도가 높고, 바람이 불면 파도가 요트를 넘는다. 가까이 제주해협도 그렇고 일본을 넘어갈 때 현해탄이 그렇다. 태평양과 직접 붙은 루손해협은 더 말할 것도 없이 바람도 파도도 거칠었다. 루손섬 북단에 오니 편하게 바람 피할 정박지 찾기도 어렵다. 원래 계획은 NAGABUNGAN BAY에 머무르려고 했는데, 도착해보니 바람을 피하려면 수심이 낮고, 수심이 되면 바람 때문에 있을 수가 없었다. 결국 루손 땅끝마을 파굿풋 해변 옆 카바카난강 입구에 자리를 잡았다. 마닐라에서 500km 거리의 루손 북단 유원지 고급 리조트에는 사람들이 바글거렸다.

정박지를 찾느라 느리게 진입을 하는데 뗏목을 탄 할아버지가 손을 흔든

땅끝마을 풍력발전

할아버지 뗏목

다. 아는 척을 하는 건지 피해가라는 건지 알 수는 없으나 안쪽으로 진입해서 일단 앵커를 내렸다. 한동안 바람과 씨름하다 잠잠한 곳으로 오니 모든 것이 평온하다. 식사를 한 후 할아버지가 무엇을 하는지 궁금해서 오리발을 끼고 구경을 나섰는데 보기와는 다르게 거리가 있어 한참을 가도 그 자리 같다. 힘이 다 빠져 도착하니 표 선장이 딩기를 내려서 따라왔다.

할아버지는 해초를 따서 다듬고 있었다. 영어와 타갈로그어를 섞어서 이야기하는데, 대충 해초를 판다며 1kg에 20페소쯤 주고 사가라는 것 같다. 뗏목에 매달려 뭔가 보려고 자루를 잡다가 자루 하나가 쏟아지며 안에 있던 해초들이 바다에 빠져버렸다. 건지는 데까지 건져봤지만 반쯤은 물속으로 가라앉아 잠수를 하는데 깊이가 10m는 넘는다. 손에 한 줌 쥐고 오기도 힘들고 너무 깊어서 바닥까지 내려가는 것은 무리일 듯싶다. 명색이 다이빙 마스터인 내가 바닥에 닿기도 힘든데 노인네가 이 깊이를 어찌 들어갔을까 의아해하니 시범을 보여주겠다는 제스처를 한다. 보니까 갈고리와 뜰채를 한 손에 들고 한 손에 닻처럼 생긴 쇳덩어리를 가슴에 안고 닻 무게로 순식간에 바닥까지 내려가더니, 순간적으로 갈고리를 이용해 해초를 뜰채에 담아 올라온다. 나

땅끝마을 구경

무로 만든 오리발을, 그것도 한 짝만 끼고 헤엄치는 동남아 어부들은 언제 봐도 신기하다.

　배로 돌아와 쉬고 있는데 할아버지가 소리친다. 자기 집을 구경시켜주겠다는 말인 것 같아 오케이 하며 딩기로 따라갔더니, 바다에서 강으로 들어갈 수 있는 절묘한 연결 사구가 있다. 강으로 접어들자 강폭은 좁은데 강변에 다닥다닥 집들이 서 있다. 할아버지는 꽤 멀리 들어가더니 짐을 내린다. 도와주겠다고 짐을 지고 따라가니 고래등 같은 집으로 들어간다. 집도 크고 식구도 많다. 소도 있고 돼지도 있고 닭도 있다. 엄청 부자 할아버지였다. 앉자마자 시원한 맥주부터 한 잔 권한다.

대가족이 나와서 아는 척을 하는데, 특히 고등학생쯤 되어 보이는 여자아이 둘이서 한국을 좋아한다고 한국 노래를 부른다. 그러면서 한국으로 돌아갈 때 자기들을 데리고 가면 안 되겠느냐고도 조른다. 식구들도 가세해 데려가도 좋다고 하는데 농담이 아닌 것 같다. 한국 사람이라고 무작정 따라나섰다가 납치라도 당하는 건 아닐까 싶어 걱정이 될 정도였다. 저녁때가 다 되었기에 바비큐를 구워서 같이 식사를 하는 것은 어떠냐고 물어봤더니 좋다고 한다. 시내에 가서 재료를 사와야 한다는데 마침 3인용 오토바이가 있어 함께 장을 보러 나갔다. 기름이 없다기에 기름도 채워주고 예비용으로 페트병에 든 기름도 한 통 사주었다.

멀지 않은 파굿풋 시청 옆에 재래시장이 있었다. 돼지고기와 닭고기, 콜라, 맥주, 과일, 바비큐 소스, 아이스크림까지 사가지고 돌아왔더니 밥을 지어놓았다. 바비큐를 준비하는데, 고기를 꼬치에 끼우고 바로 숯불에 굽는 줄 알았더니 일단 통으로 한 번 삶은 다음 익은 고기를 썰어서 꼬치에 끼우고 소스를 바른 뒤 숯불에 굽는다. 필리핀 어디서나 바비큐 맛이 비슷한 건 손맛이 아니고 소스 맛이 같기 때문이었다.

밥을 맛있게 먹고 할아버지와 맥주도 잘 마셨다. 가족과도 한참을 웃고 떠들었는데, 우리가 신기한지 나중에 보니 동네

시장 구경

선물용 벗삼아호 티셔츠

사람들이 다 모여들었다. 우리가 돌아가려고 하자 가족이 요트를 보고 싶다고 했다. 나는 표 선장에게 식수 보충을 부탁하고, 같이 오겠다는 아가씨에게는 금녀의 집이라 안 된다고 할아버지만 모시고 요트로 와서 한 번 둘러본 후 기념품으로 티셔츠를 선물로 줬다. 술에 취해 돌아간 할아버지가 나중에 보니 옷을 안 가지고 갔다. 아들에게는 물값으로 500페소를 주었다.

출항 시간을 새벽 5시로 정하고 잠을 자는데 4시쯤 밖에서 인기척이 난다. 혹시 한국으로 따라간다고 여자애들이 온 건 아닌가 불안해하며 나가보니 할아버지였다. 배웅하러 이 새벽에 왔구나 싶어 감동을 하는 순간 "맥줏값을 달라"고 한다. 어제 맥주를 여섯 병 먹었으니 돈을 달라는 것이다. 필리핀에 대한 안 좋은 선입견을 반성하고 있었는데 역시 필리핀이구나! "여섯 병은 먹었지만 당신이 세 병, 내가 세 병 마셨고, 대신 작은 병을 먹었지만 큰 병으로 한 박스 사줬고 돈도 주었지 않냐?"라고 했더니 자기는 술에 취해서 모른다고 한다. 아들한테 물어보라고 했더니 알았다고 하면서, 어제 선물로 받은 옷을 안 가지고 갔다고 달라고 한다. 짜증이 나서 어디 두었는지 모르겠다고 대답하자 "굿바이" 하면서 쿨하게 돌아간다.

필리핀을 자주 오가다 보면 그곳 사람들이 순진하지도 않고, 알면 알수록 사람 뒤통수를 친다는 현지 교민의 말을 실감한다. 주인이 누군지 뻔히 아는 지갑을 주워도 꿀꺽하고, 대신 하느님이 주신 선물이니 하느님께 감사 기도를 하면 된다는 식이다. 나도 호텔에서 휴대폰을 충전 중인 것을 깜박하고 체크아웃했다가 결국 못 찾았다. 가톨릭 교리대로 낙태는 안 해서 애가 애를 키우고, 오랜 식민지 생활로 오늘만 있고 내일이 없는 필리핀이 걱정된다.

한밤의 랍스타 먹방

## 싹쓸이 어업

새벽에 출항해서 바스코를 향해 떠났는데 바람이 너무 심하다. 어디 잠시
머물 곳도 찾기 힘들어 칼라얀섬 옆에 간신히 앵커링을 했다. 밤에 밖이 소란
하고 불빛이 어지러워 나와보니 머구리(잠수부)들이 밤 사냥 중이다. 우리 요트

밑으로 순식간에 지나간다. 방카보트 한 대에 컴프레셔를 달고 두 사람이 수중 랜턴을 쓰고 바다를 훑는데 그냥 싹쓸이 포획이다. 랍스터를 잡는 모양인데 씨알은 상관하지 않는 눈치였다. 산페르난도에서 그물로 고기 잡는 팀을 따라가본 적이 있는데 어린 고기까지 싹쓸이해서 식당에 넘겼다. 다이너마이트로도 잡고, 약을 풀어서도 잡고, 밤에는 이렇게 잠수부들이 뒤지고 다니니 필리핀 바다가 점점 고기 없는 황폐한 바다가 되어가는 것이다. 머구리들이 다가와서 랍스터를 사지 않겠느냐고 물어본다. 싹쓸이는 싹쓸이고 싼 김에 랍스터나 실컷 먹자고 작정하고 밤 11시에 찌고 굽고 해서 랍스터 포식을 했다.

## 태풍의 섬 바탄

어렵게 필리핀 북단 바탄섬에 도착했다. 섬 전체가 절벽이라 유일하게 항구로만 접근이 가능한데 이곳도 워낙 바람이 험해 진입이 힘들다. 좌우로 좌

바스코 등대

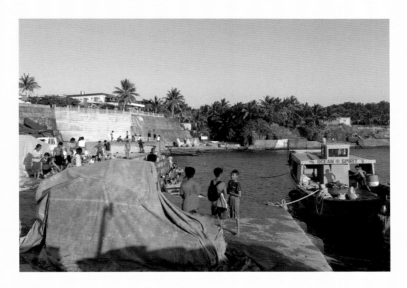

바스코 항구의 어린이들

초된 배들 사이를 통과해 진입을 했지만 항구에서는 정박은 고사하고 잠시 머물 틈바구니도 없다. 적당한 곳에 앵커링을 했지만 사방으로 좌초된 배들을 보니 우리도 조금만 방심하면 저 꼴이 난다는 생각에 항구의 풍경이 끔찍하다.

바탄섬, 바타네스, 바스코시로 검색되는 여행 블로그에 가보면 "태풍의 섬", "필리핀 사람이 죽기 전에 꼭 한 번 가보고 싶어 하는 곳", "바람과 언덕, 하늘과 바다", "태풍이 시작되는 바람과 초원의 지상낙원" 등등 예찬의 글이 많다. 인구 1만5,000명 정도의 작은 섬인데도 매일 정기 항공노선이 있어 많은 관광객이 찾는다고 했는데, 그날 보니 관광객은 우리뿐이다. 항공편이 없었다면 지도에나 있는 어부 몇 명쯤 사는 섬일 텐데 무엇 때문에 유명해진 건지 궁금한 섬이다.

잠시 섬 구경이나 하자고 딩기를 내리고 상륙했다. 오토바이 두 대를 빌려서 마을을 돌아보는데 관공서며 시장이며 공항에 주립대학교까지, 작은 섬치

바스코 등대 구경

고는 있을 건 다 있다. 동네 구경을 하고 저녁 무렵 섬에서 제일 유명하다는 등대에 올랐다. 언덕을 오르니 등대 주위를 공원처럼 꾸며놓았다. 카페와 식당도 있다. 규모가 제법 크고 포토존도 있고 야외 결혼식을 할 수 있도록 잘 꾸며놓았다. 해가 지니 석양도 예쁘고, 언덕 여기저기 방목하던 소를 주인이 집으로 몰고 가는 풍경도 한적하니 보기 좋다.

등대에서 멀리 보이는 벗삼아호를 배경으로 사진을 찍은 뒤 오토바이를 반납하고 딩기로 다시 돌아가는데 사람들 몇 명이 우리 요트 여기저기에 플래시를 비추고 기웃거린다. 처음에는 도둑인가 걱정했더니 필리핀 해경들이었다. 요트에 오르지도 않고 "출국신고를 해놓고 왜 상륙을 했나?"며 제법 엄중하게 규정을 들먹이며 책임을 묻는다. 결국 표 선장이 대표로 경찰서까지 따라가서 항해 중인 다른 요트를 기다리는 중이고 식사나 하러 잠시 나갔다고 변명을 했더니, 친구 집이라고 식당 한 곳을 지정하며 그 집만 이용하고 다른 곳은 다니지 말라고 엄중하게 경고를 하더란다.

### 아쉬운 기다림

세일링 요트는 바람으로 움직인다. 규정상 항구 내에서 입출항을 할 때는 동력을 이용해야 하며, 바람이 약하거나 바람 방향이 안 맞을 때도 동력을 사용한다. 진행 방향 정면에서 30도 정도는 돛이 펄럭여서 양력을 얻을 수 없기에 갈 수 없는 'no go zone'이라 하고, 180도 뒷바람은 돛이 갑자기 돌아가면 사고로 이어질 수 있어 위험해서 피하는 'don't go zone'이다. 항해에서는 옆바람이 제일 좋다. 김승진 선장은 힘든 맞바람을 만났다고 한다. 무동력, 무기

212

등대에서 바라본 정박 중인 벗삼아호

항에 도전 중이라 맞바람을 피해 지
그재그로 올라오다 보니 시간이 세
배 이상 걸렸고, 그러다 보니 우리와
도킹 시간이 점점 늦어진다. 해협을
건너 대만 컨딩에서 일행과 만나야
하는 우리의 일정을 맞추려면 더 이
상 기다릴 시간이 없었다. 아쉽지만
김 선장은 귀국 후에 만나기로 하고
새벽에 출항을 했다.

### 원스톱 입국심사

점심은 바람을 피해 필리핀의 마
지막 섬인 잇바얏에서 먹고 가기로

굿바이 바스코!

초스피드 입국 처리                           후벽호 요트클럽 정박

했다. 그런데 바람과 너울이 심해 정박은 고사하고 섬 주변에 접근조차 하기
힘들었다. 점심을 포기하고 대만 컨딩을 향해 힘들게 해협을 건너기 시작했
다. 새벽녘 컨딩 반도가 보이니 거친 바다가 조금 잠잠해진다. 검역기를 걸고
국기도 바꿨다. 출발 전 미리 후벽호[後壁湖] 요트클럽의 등 선생에게 입국수속
을 부탁해놨기에 이른 시간임에도 전화를 했더니 문제없다며 입항하면 들르
겠다고 한다.

　항구 입구의 해순치안검소[대만은 해경을 해순이라 부른다] 앞에 해경이 미리 기
다리고 있다가 계류 줄도 잡아주고 입항신고를 받아준다. 여권만 맡기면 알
아서 처리를 해주는데, 많은 국가를 다녀보지는 않았지만 아마도 세계에서
제일 친절하고 신속한 입출항수속을 해주는 곳이 아닐까 생각된다. 입국수속
은 원래 100km쯤 떨어진 가오슝[高雄]에 가서 해야 하지만, 담당 공무원이 출
근하자마자 출발해서 2시간을 직접 달려와 처리를 해준다. 물론 등 선생이 미
리 부탁을 했기에 가능한 일이었지만.

　요트에서 대기를 하는데 출입국 사무소 직원이 도착했다. 요트에는 올라
오지도 않고 한국말로 "여권, 여권" 하더니 입국 도장을 찍어주고는 바로 돌
아선다. 멀리서 와준 것이 고마워 올라와서 차 한 잔 하고 가라니까 돌아서

컨딩 앞바다 다이빙

며, 그것도 한국말로 "바빠, 바빠" 하고는 바로 가오슝으로 출발한다. 나는 중국 말, 대만 공무원은 한국 말. 입국수속에 1분도 안 걸렸다. 입국할 때도 그러더니 출국할 때도 똑같았다. 왕복 4시간을 일부러 와주고, 차도 한 잔 안 마시고 웃으면서 손을 흔들며 떠나는 대만 공무원이 고맙기도 하고 미안하고 놀라웠다.

컨딩은 대만의 땅끝마을로 대만 사람들도 많이 찾지만 외국인이 즐겨 찾는 관광지다. 필리핀을 갈 때 이미 남부 지방은 둘러봤던 곳이라 일행이 올 때까지 오토바이를 빌려 야시장과 맛집을 찾아다녔다. 다이빙 명소가 많다기에 자리가 비면 합류하게 해달라고 다이빙 숍에 예약을 해놨더니 타이베이 다이빙팀과 가자고 요트로 데리러 왔다. 진행도 체계적이어서 매끄럽고, 안전을 위한 준비도 잘되어 있으며 음식도 깔끔하다. 베이징팀 강사가 한국인과 다이빙은 처음이라고 버디를 자처해서 차분하게 가이드를 해준다. 워낙 좋은 곳을 많이 돌고 온 다음이라 특별히 감동적이진 않았지만 그런대로 멋진 곳이다.

컨딩에서 합류한 막내

대만도 일본처럼 공기탱크를 알루미늄이 아닌 철 탱크를 사용한다. 컨딩에는 원자력발전소가 있는데, 원자로 냉각수 배출구 쪽 바닷가가 따듯하기에 사계절 다이빙 교육장으로 이용을 하는 듯하다. 우리나라 사람들 같으면 방사능 우려에 꺼림칙해할 텐데. 대만은 더운 나라인데도 바다는 5월에도 써늘했다.

여덟 명이 1차 항해를 마치고 다들 현업에 복귀해 귀국 항해는 함께하지 못했지만, 계속 연락하고 걱정하며 다들 마음만은 함께했다. 막내(이종현)가 합류하겠다고 일부러 시간을 내서 컨딩에서 만났다. 이틀 후 형이 다시 합류하면서, 잠시 맡았던 선장직을 형에게 인계하니 홀가분하다.

# 나잇값에 대한 고찰
## -대만 서안 항해

동생이 벗삼아호의 선장을 맡아 표 항해사와 둘이 수빅에서 대만 남단 컨딩까지의 550해리 장거리 항해를 잘 끝내주었다. 나보다는 더 치밀하고 조직적 사고를 가진 그가 경험 많은 표 항해사와 잘해 내리라고 믿었지만, 막상 둘이서 항해를 시작한 이후 나는 매시간 스팟을 통해 배의 위치를 확인하고 그들의 여정을 가늠하며 마음을 놓지 못했다. 사실 필리핀 북단은 두 사람의 섬 여행 구간을 빼고는 내가 항해를 하며 내려갔던 항로라서 그 항로의 어디서 묘박을 하고 또 한 항차 거리로 얼마쯤 잡아야 하는지 눈으로 보듯 선했다. 몸만 한국에 있었지 마음은 벗삼아호에 같이 타고 있었다.

두 사람이 도착하기 전 함께 항해할 지원자를 한 여행 카페에서 모집했는데 웬 은퇴한 대학교수라는 사람이 지원을 했다. 나는 그가 요트를 잘 아는 사람이라 생각하고 그의 승선을 허락했다. 함께 비

컨딩항의 터줏대감 등 선생과의 만찬

행기를 타고 대만으로 갔다가 요트를 이용해 제주로 오는 일정인데, 사실 공짜로 이런 여행을 하게 해주는 것이니 대단한 특혜라고 하면 특혜다. 물론 같이 좁은 공간에서 마주하고 생활해야 하니 아무나 배에 태울 수는 없다. 어쨌든 대학교수였다니 사람이 상식도 갖추고 점잖겠지 생각했는데 초장부터 그 기대는 산산조각 났다.

그와 같은 항공편으로 출국하기로 했으나, 항공편 출발 시간을 얼마 안 남기고 전화가 왔다. 호남 쪽에서 올라오는데 버스를 놓쳐 함께 출발하는 것이 어렵게 됐다는 연락이었다. 국제선 항공편의 출발 시간을 못 맞추고 펑크를 낸다는 건 내 상식으로는 결코 상상조차할 수 없는 일이었다. 다른 항공편으로 내일 따라오겠단다. 그러면

가오슝 요트클럽에 정박 중인 벗삼아호

가오슝에 도착해 컨딩으로 내려오지 말고, 기다리고 있으면 우리가 컨딩에서 배를 가지고 가오슝으로 올라가니 그곳에서 합류하는 것으로 하자고 이야기한 후, 나만 일정대로 가오슝으로 날아갔다.

가오슝에서 컨딩까지는 교통편이 번거로워 택시를 타고 내려갔다. 대만은 생각보다 볼거리가 많은 곳이다. 택시기사가 영어를 할 줄 아는 친구여서 심심치 않게 많은 주제로 이야기를 나눴다. 마리나에 도착해서 내 배와 또 반가운 동생, 표 항해사를 만나 다음 날 출항을 계획했다. 촬영을 겸해 배에 오른 이종현 감독도 다시 시작되는 항해에 대한 기대감으로 이것저것 준비하느라 바쁘다.

저녁 식사를 위해 찾아간 컨딩의 어시장에는 신선한 해산물을 소

가오슝에서의 저녁 식사

재로 맛있는 요리를 먹어볼 수 있는 식당들이 수십 개가 모여 있고 찾는 손님들로 인산인해를 이루고 있었다. 한국에서는 볼 수 없는 돛 새치도 많이 잡히고, 대형 어류도 그렇고 어획량 자체가 많다.

어시장에서 우리가 가장 신기해했던 것은 날치튀김이었다. 우리 나라 바다에서도 항해하다 보면 가끔씩 날치가 푸드득 날아올라 수백m 저 건너편 바다에 내려앉는 모습을 볼 수 있지만 날치 요리는 먹어본 적이 없었다. 튀김 한 마리에 우리 돈으로 1만 원 정도 했다. 가위로 날개 부위까지 잘라서 봉투에 넣어 가져와서 먹었는데 쫄깃 쫄깃, 정말 맛있다.

일기예보는 우리가 지룽까지 가는 동안 큰 바람과 비가 없이 온화

한 날씨로 예보되었다. 다음 날 아침 일찍 기름을 가득 채우고 가오슝항으로 항해를 시작했다. 목표는 컨딩마리나의 터줏대감 등 선생이 알려준 가오슝 요트클럽이다. 58해리니 10시간이면 충분하다. 바다는 잔잔하고 뒤에서 쿠로시오해류가 밀어줘서 오후 3시쯤 도착할 수 있었다.

마리나에 입항 신고를 하고 맛있는 게 뭐가 있을까 생각하니 마음이 설렜다. 우선은 오늘 오전 이곳에 도착했을 그 교수라는 양반을 만나야 내일 같이 출항이 가능하다. 핸드폰으로 연락하여 마리나 주소를 찍어주고 이곳으로 오라고 했다. 잠시 후 이 양반이 길거리 사진을 몇 장 보내더니 자기가 있는 곳이 이 사진에 있는 장소인데 어디로 가야 하는지 알려달란다. 구글 지도를 열어서 자기 위치를 잡고 내가 준 마리나 주소를 찍어보면 바로 답이 나오고, 좀 멀다 싶으면 택시를 타면 되는데 참 답답하다.

자세하게 지도 보는 법과 찾아오는 법을 알려주고 전화를 끊었다. 1시간쯤 후 그가 왔다. 낮술을 한잔 한 것 같다. 이 양반 이야기는 여기까지만 한다. 그는 지룽까지 우리와 같이 항해했다.

나이가 들면 자기가 살아왔던 방식대로 생각과 언행에 일정한 패턴이 생기고 그 틀에서 벗어나지 못한다. 그것이 늙은이들의 고집이다. 나이가 들면 나잇값을 따진다. 젊은이들은 실수해도 그냥 넘어갈 수 있지만 나이 든 사람은 살아온 경력과 경험으로 현명하고 바르게 일처리를 해야지, 그게 안 되면 나잇값을 못 하는 사람이 된다.

나잇값을 하려면 무조건 말수를 줄여야 한다. 가급적 필요한 이야기가 아니면 하지 말고, 특히 자기의 옛날이야기나 권위에 대한 이야

❶ 포다이 요트클럽 아버지와 아들  ❷ 지룽 입항심사

기는 절대 삼가야 한다. 물론 나도 때로는 나잇값을 못 해서 스스로 실망하고 좌절할 때도 있고 주변 사람들에게 곤혹스러운 존재가 될 때도 있다. 요즘 사회적 갈등의 중심에 있는 태극기부대나 종교 지도자들, 정당 정치인 모두 참신성이 떨어지고 그들만의 주장이 강한 것도 그런 맥락이다.

다음 날 우리는 가오슝시 관광에 나섰다. 불광산사와 연지담, 야시장 등을 둘러보며 한나절 시간을 보내고 일찍 배로 돌아와서 쉬었다. 나는 저녁 무렵 요트클럽에 가서 클럽 친구들과 이런저런 이야기를 나누고 정보도 받았다. 이들은 중국 칭다오와 상하이에서 열리는 요트대회에도 매년 참가하고 교류도 많이 한다고 했다. 다음 도착지인 부다이마리나를 포함해 우리가 항해하며 둘러볼 곳의 정보도 자세히 얻을 수 있었는데, 우리가 정박할 곳의 마리나 친구들 전화번호도 함께 알려주었다. 사실 이곳 요트클럽에 한국 요트가 온 것은 처음이란다. 순수 관광 목적의 요트 크루징이 드물기 때문이다.

5월 7일 새벽 6시 조금 지나 부다이마리나를 목표로 돛을 올렸다. 55해리에 8시간 정도 예상하고 출발했으나 들어가는 입구가 복잡해서 지체하다 보니 3시쯤 부다이마리나에 도착했다. 미리 전화를 받고 그곳 마리나 회원이 기다리다가 우리를 맞이했다. 마리나는 새로 지어 접안 시설은 좋았으나 클럽하우스 등은 오래 사용하지 않아 폐허처럼 버려져 있었다. 대만도 타이베이 쪽은 어떤지 모르지만 다른 곳은 레저용 세일요트가 아직 대중성이 없는 듯하다.

하선을 위한 행정 조치를 마친 우리를 회원들이 직접 차를 몰아 근처 어시장으로 안내했고, 저렴하고 신선한 해산물을 이것저것 푸짐하게 주문하여 대만 금룡 고량주와 함께 늦은 점심 겸 이른 저녁으로 먹기 시작했다. 음식값은 정말 놀랄 정도로 저렴했다. 6~7명이 10만 원이면 싱싱한 활어 요리와 고량주로 마음껏 건배하며 파티를 할 수 있었다.

식사 후 볼 만한 유명 도교 사원이 있다고 해서 구경을 갔다. 이곳은 도교를 믿는 사람들이 많다고 했다. 절과 비슷해도 차이가 눈에 보였다. 『삼국지』의 영웅들이나 중국 고사에 등장하는 도인들이 모두 경배의 대상이었다. 오로지 자신의 영달, 건강, 치부를 위해 도교 사원에 와서 적당한 부적을 사고 향을 사른다. 철두철미한 기복 문화였다.

다음 날 아침 일찍 타이중항을 목표로 출항했다. 양식장을 빠져나와 난바다로 나가는 데 2시간이 걸렸다. 대만 중부 지방은 연안에 양식장도 많고 또 중국과 한 바다를 마주하고 쓰다 보니 해상 교통량이 엄청나다. 하지만 마리나가 거의 없어 부다이마리나 이후 북쪽으로는 배를 댈 만한 장소가 없었다. 타이중항 초입에 있는 어선을 위한 조그만 항구에 선석을 잡을 수 있도록 가오슝마리나 친구들이 장소와 연락처를 알려주었으나 항만 관리국에서 거부당해 항구에서 되돌아 나올 수밖에 없었다. 정박 비용도 너무 비싼 데다 입출항 절차를 대리인을 통해 거금을 주고 진행해야 하는 등 완전히 우리 예상을 깨는 규정 때문에 밤길을 도와 지룽으로 내달렸다.

달밤이었다. 바람도 좋고 조류도 좋고 배는 기분 좋게 북으로 북으로 올라갔다. 모두들 편안하게 브리지에 모여앉아 야간 항해를 즐

지룽항의 형제

졌다. 물론 아침이 되고 대만 서북쪽 서문구 곶부리를 돌아 동쪽으로
향했을 때, 마치 홍수 난 강물을 연상케 하는 심한 역조류와 맞바람
에 고생고생하며 20마일을 몇 시간에 걸쳐 항해한 것이 이 여행 최
대 난구간 항해가 되기는 했지만.

　내 동남아 원정 항해는 이렇게 끝났다. 지룽에 정박된 벗삼아호를
뒤로하고 나는 항공편으로 서울로 돌아오고, 동생이 또다시 제주까
지의 마지막 항차 선장이 되었다.

# 대만 지룽에서
# 제주까지

여기는 동생인 허광훈의 이야기를 담았습니다.

### 운이 좋아 보게 된 '마조 축제'

형이 떠나고 다시 벗삼아호의 선장을 맡았다. 제주까지 직항하려면 중간에 들를 섬 하나 없이 4박 5일을 밤낮으로 항해해야 한다. 며칠간 출항 준비를 마치고 2일간의 타이베이 관광에 나섰다. 첫날은 요트클럽에서 가까운 지우펀[九份]을 돌아보는데 이곳이 한국인지 대만인지, 한국인 관광객들이 상점과 식당을 점령 중이다.

마리나 야경

고궁박물관 앞의 막내                     마조 축제의 거인 행진

둘째 날은 새벽에 길을 나서 1989년 6월 나의 첫 해외 여행지였던 타이베이 시내를 돌아보기로 했다. 당시는 중국에서 톈안먼[天安門] 사건이 일어난 바로 뒤라 대만 전체가 모든 방송 프로그램을 중단하고 뉴스와 슬픈 음악만을 내보내는 애도의 시기였다. 중정기념당의 근위병 교대식을 보는데 마치 혼백이 걸어가는 것 같다고 느끼며 인상적으로 봤던 기억이 남아 있다. 가이드를 자청하고 고궁박물관과 유명 관광지를 돌아보고 대만 여행 블로그에 자주 소개되는 맛집을 돌아다녔는데 옛날만큼 이색적이지는 않았다.

더위에 지쳐 쉬던 중 도시가 떠나갈 듯한 풍악을 울리며 한 무리의 축제 인파가 지나가는데 기기묘묘한 옛날 복장에 거대한 탈을 쓴 인형이 앞장을 섰다. 특히 장대에 올라탄 거인 인형은 너무 인상적이고 그 뒤를 제사 음식을 담은 가마가 따른다. 무슨 행사인지 물어보니 대만의 독특한 종교 행사인 '마조[媽祖] 축제'의 행렬이라고 한다. 매년 음력 3월에 열리는 마조 축제는, 축제가 많은 대만에서도 전국적으로 며칠씩 이어질 정도로 규모가 있는 축제란다.

마조 축제의 폭죽 구경

내용을 듣고 보니 그동안 컨딩에서 지룽까지 오는 동안 여기저기서 시끄럽게 행진하던 인파들이 마조 축제를 즐기던 것임을 알았다. 대만다운 축제를 함께 즐길 수 있다니, 운이 좋았다.

축제 중에 어디서도 들을 수 있었던 경쾌한 노래가 중독성이 있고 듣기 좋아서 곡명을 몇 사람에게 물어봤지만 다들 모른다고 고개를 젓는다. 국민가

요처럼 다 함께 춤추고 부르면서도 곡명은 모르다니, 더 궁금해져서 녹음을 하고 검색을 해보니 대만 노래가 아니고 홍콩 가수가 부른 '펑요우 더주[朋友 的酒]'라는 곡이다. 지금도 '펑요우 더주'를 들으면 대만의 마조 축제가 생각 난다.

## 출국신고의 난항

컨딩에서는 빠르고 친절하게 입출국수속이 진행되어 아무 걱정이 없었는 데 지룽에서는 반드시 에이전트를 통해 출국수속을 해야 하고 대행 수수료 도 욕이 나올 만큼 비쌌다. 같은 대만인데 왜 직접 하면 안 되냐고 항의를 해 봤지만 소용도 없고 우리만 답답할 뿐이다. 처음 계획한 귀국길 마지막 기항 지 타이중[台中]항에서 복잡한 절차를 요구하며 대행사를 통하라고 하기에 무 리하게 야간 항해까지 하며 도착한 곳이 이곳 지룽의 비샤항구[碧砂漁港]였다.

이곳을 다녀간 한국 요티들 말로는 계류비가 하루 200불 이상으로 비싸다 고 했다. 걱정이 돼서 가오슝[高雄]에 사는 대만 친구에게 전화를 했더니, 비샤 항구는 원래 계류비가 많이 비싸다고 걱정을 해준다. 입항 후 이곳을 관리하 는 매니저와 이야기를 해보니, 원래는 국가에서 관리하던 계류장을 개인이 불하받아 요트클럽으로 운영하면서 0 무나 못 들어오게 높은 가격을 책정해

드디어 출항!

출항 후 막내

두었단다. 그러면서 우리에게 계류비는 걱정 말라고 하면서 파격적인 가격에 머물게 해주어서 편하게 있었는데, 알고 보니 계류비가 아니라 출국 수속이 문제였다. 다행히 대행 자격이 있는 매니저의 친구가 실비로 해줘서 부담은 줄었지만, 다른 데서는 안 냈던 돈을 내려니 억울했다.

출국신고를 마치고 출항 일정을 잡는데 날씨가 험악해진다. 바람이 잦아들려면 일주일 정도 기다려야 한다는데, 그러면 제주에서 기다리는 벗삼아 가족과 일정이 안 맞는다. 결국 고생은 하겠지만 날씨가 더 험해지기 전에 출항을 하기로 결정했다. 멀미를 많이 하는 막내가 걱정이었는데, 어느 정도 적응을 했다고 걱정 말라고 했지만, 제주에 도착할 때까지 자리에 누워서 밥도 못 먹고 바나나로 연명하며 고생을 했다.

## 중국 어선과 해초와의 전쟁

남동풍이 불고 있고 여기에 쿠로시오해류가 밀어주면 2노트 정도 속도가 빨라져 귀항 길은 편할 것이라고 생각했는데, 예상 밖으로 바다도 험하지만 역조류가 흐르고 바람도 도와주지 않았다. 나중에 알고 보니 일본 쪽으로 더 가야 쿠로시오해류를 탈 수 있었다. 우리 항로는 와류로 인하여 역조류를 만난 것이다.

망망대해 거칠 것 없는 바다에 우리만 존재한다고 생각했는데 밤이 되니 온 바다가 낮처럼 밝다. 사방을 포위하듯 중국 쌍끌이 어선이 바다를 점령한 것이다. 항로를 어디로 잡아야 안전할지 판단이 안 선다. 어디서 출항한 어선

망망대해의 석양

들인지 낮에는 한 척도 보이지
않다가 밤만 되면 불야성에 소
리도 시끄럽다. 야간 항해가 원
래는 무료하고 적막한 법인데,
제주행 야간 항해는 공포스러
운 긴장의 연속이었다. 아마도
대만 근처 바다가 황금어장인
지, 대만을 한참 벗어나자 중국
배가 안 보인다.

우리를 괴롭히는 괭생이모자반

하지만 뜻하지 않은 복병을 만났다. 온 바다를 덮은 괭생이모자반. 아무리
지그재그로 길을 찾으려 해도 스크루에 걸려 갈 길을 잡는다. 기주를 해도 범
주를 해도 자연을 이길 방법이 없다. 공기탱크에 6m짜리 레귤레이터를 물려
서, 칼을 들고 스크루에 매달려 괭생이모자반 잘라내고 조금 가고 또 잘라내
고 조금 가고…. 갈 길은 먼데 해초는 많다.

광생이모자반과의 전쟁

　낮에는 앞이 잘 보여서 그나마 할 만한데 밤에는 물속에 들어가기가 조금 오싹하다. 벗삼아호는 모노헐과 달리 헐이 두 개라서 가운데를 지날 때 박자에 안 맞게 파도를 맞으면 머리를 부딪힌다. 큰 파도에 혹시라도 부상을 당할까 싶어 겁도 난다. 5월 날씨가 낮에는 덥지만 밤에는 서늘하고, 물속은 낮이고 밤이고 차다. 잠수복을 입고 표 선장과 교대로 한 번씩 물질을 하는데 물밖에 나오면 온몸이 떨렸다. 추위는 피할까 싶어서 형이 입던 드라이슈트를 꺼냈다. 드라이슈트를 입으니 행동은 불편해도 춥지는 않아 살 것 같다며, 표 선장이 아예 슈트를 입고 대기하고 있다가 혼자 하는 게 편하다고 고생을 자처한다.

　광생이모자반에 발목이 잡혀서 여유롭게 잡았던 제주 도착 시간이 점점 빠듯해진다. 일부러 시간을 내 환영식을 해주겠다며 제주까지 내려온다는 벗삼아 가족을 생각하면 밤이고 낮이고 물질을 할 수밖에 없었다. 그런데 표 선장이 "형님, 이젠 그만 포기하고 가는 대로 가시죠. 파도도 높아져 위험해서 안 될 것 같아요" 한다. 지친 표정이 역력하다. 안전이 중요하니 맞는 말이긴 하지만, 조금씩 해초가 줄어드는 것 같아 쉽게 포기가 안 된다. "다이빙 등급은 내가 더 높으니 이번엔 내가 들어가는 게 좋겠다" 하고는 슈트를 바꿔 입었다. 한 번만 더, 한 번만 더 하는데, 표 선장이 파도도 높고 밤이라 너무 위험하

232

다고 나도 못 들어가게 막는다. 정말 이번이 마지막이라고 매달려서 해초를 제거하고 나왔더니 거짓말처럼 우리를 괴롭히던 해초가 싹 사라졌다. 바람 방향도 좋아서 그간 늦어져서 포기하려던 재회의 시간에 희망이 생겼다.

벗삼아호에서 쉬어가는 해오라기

언제 왔는지 탈진한 해오라기 한 마리가 콕핏에 불법 승선했다. 도망도 안 가고 눈치만 본다. 생선을 줘야 하는지 채소를 줘야 하는지 고민하다, 놀라서 날아갈 것 같아 일부러 편히 쉬도록 자리를 피했다. 어쨌든 우리의 사진 모델도 잘해주더니 서귀포 앞바다에서 제 갈 길을 갔다.

## 반가운 온누리호

야간 항해로 피곤도 하고 바다도 평온해서 비몽사몽 졸고 있는데 누군가 벗삼아호를 부르는 것 같다. 정신을 차리면 조용하고 졸다 보면 부르는 것 같고…. 그런데 또다시 누가 부른다. 무전기를 들고 대답을 하니 영어가 아니고

항해 중 안전점검

233

멀미와 사투 중인 막내                    온누리호 옆을 지나며

한국어다. "여기는 온누리호! 여기는 온누리호! 벗삼아호 응답하세요." 6개월 만에 듣는 우리말 호출에 무사히 도착했다는 안도감이 몰려온다.

온누리호는 해양 탐사선인데 지금은 앵커링을 하고 작업 중이니 벗삼아호가 온누리호를 피해서 항해를 해주면 좋겠다고 부탁을 한다. 당연히 피해서 가겠다고 답하고 반가운 마음에 이런저런 수다를 떨었다. 우리가 동남아 일주를 마치고 귀향하는 길이라고 하니, 멋진 여행이 부럽다며 자신도 놀러 가겠다고 한다. 우리는 연구 많이 하라고 격려하며 교신을 마쳤다.

### 당신 멋져! 우리 멋져! 벗삼아 멋져!

제주도 서쪽으로 돌아갈지, 동쪽으로 돌아갈지를 고민하다 바람 방향이 좋은 성산일출봉 쪽으로 돌기로 했다. 태극기를 게양하고 나니 전화도 팡팡 터지고 서귀포가 눈에 잡힌다. 잠시 후면 집이구나 생각할 때쯤 괭생이모자반이 또다시 발목을 잡는다. 그래도 다행히 요리조리 방향을 바꾸면 피할 만하고 가끔 한 번씩 제거해주면 되니 대만 앞바다에 비하면 양반이다. 우도를 지나 멀리 행원풍력발전단지가 보일 때쯤 해초가 깔끔하게 우리 배 뒤로 물러난다.

김녕 앞바다를 크게 한 바퀴 돌며 돛을 내리고 막내가 드론을 띄웠다. 동오,

성대한 환영식

병진, 지예가 김녕항 등대 방파제에 올라 드론을 향해 열정적으로 손을 흔든다. 경적을 크게 한 번 울리고 김녕항에 입항하니 형과 형수가 6개월간 비워두었던 벗삼아 폰툰에서 반갑게 맞아준다. 계류 줄을 묶고 나니 벗삼아 가족이 헹가래를 쳐준다. 샴페인에 케이크까지 준비한 환영식에서 그간 함께 많이 외쳤던 "벗삼아 멋져!" 구호로 행복하게 동남아 일주 항해를 마무리했다.

수영만에서 상가 중인 벗삼아호. 200톤 크레인으로 육상 인양 중

# 벗삼아호 전면 보수 작업

2016년 7월 1차 동남아 항해가 끝났다. 나는 장거리 항해의 경험을 되살려 벗삼아호의 대대적인 보수 작업을 계획했다. 처음에는 예산을 1억 원 정도로 책정했다. 물론 작업은 그동안 우리 배의 수리를 도맡았던 부산의 마린크래프트에 의뢰했다.

가장 문제가 되는 것은 추진 방식이었다. 우리 배는 국내에 딱 한 대뿐인 전기모터를 사용하는 하이브리드 요트인데, 장점도 많지만 출력에서 일반적인 디젤엔진과 차이가 있었다. 사실 전기 추진은 당시는 획기적이었지만 지금 수준으로 보면 테슬라 전기차를 2000년부터 몰고 다닌 격이다. 간단한 조작 원리에 언제나 조종간을 밀면 별도의 준비 없이 동력을 이용할 수 있는 점 그리고 정숙성은 큰 장점이었지만, 최고속력이 7노트에 불과해 답답한 것은 가장 큰 단점이었다.

신형 안마 엔진 장착

    나는 전기 추진체를 모두 들어내고 원래 엔진룸으로 설계된 곳에 2대의 최신형 안마 디젤엔진과 세일 드라이브를 설치하기로 하고 이원부 박사와 설계에 들어갔다. 54HP×2대로 최고속력은 평수에서 8~9노트는 바라볼 수 있을 것이다.

    11월 초 배를 몰아 부산 수영만으로 옮기고 선박 수리가 가능한 곳으로 상가했다. 반년 가까이 배의 모든 부분을 손봤다. 예산은 처음 생각했던 금액보다 50% 가까이 초과됐고 시간도 길어졌다. 물론 처음부터 시간을 넉넉하게 갖고 시작한 일이었다. 서둘러야 할 이유가 없었다. 프로펠러도 덴마크 고리사의 폴딩 타입 3-blade를 택했고, 각종 항해 항법장치도 이중으로 설치해 고장에 대비했다. 발전기의 위치와 엔진이 제자리로 옮겨가자 에어컨 실외기도 모두 옮겨야

해운대마리나에서 리모델링 중인 벗삼아호

했고, 배선을 포함하여 선내 급수선까지 모두 다시 만졌다.

2017년 7월 초 벗삼아호를 다시 바다에 띄우고 제주까지 시험 항해에 나섰다. 하룻밤을 욕지 내항에서 보내고 아침 일찍 제주로 출발했을 때다. 항구를 빠져나가는데 프로펠러의 오버드라이브 기능이 우연히 가동됐다. 쉽게 9.5노트 속도가 나왔다. 엔진 2대 모두 RPM을 2,000 정도로 유지했는데도 배가 화살처럼 미끄러지듯 달린다. 대만족이었다.

배를 관리하는 일은 참 어렵다. 기계에 대해 잘 알고 이것저것 고치기를 좋아하는 사람도 있지만 내 경우 배의 수리는 항상 난제 중

시운전 중 항속과 시험 운항에 함께한 친구들

제주 귀항 중 백도를 지나며

의 난제다. 수천 개가 넘는 수많은 부품들과 배관, 돛, 로프, 하다못해 작은 나사 하나, 볼트 하나도 범상한 것이 없다. 조금만 신경을 안 쓰거나 방치하면 녹슬고 햇빛에 삭아내리거나 부서졌다. 배의 밑바닥은 따개비와 해초가 수시로 붙어 자라고 구멍이란 구멍은 조금만 방치하면 막힌다. 항구에 정박해놓아도 전기적 방식이 일어나 프로펠러나 세일 드라이브가 녹아버린다. 그걸 막기 위해 일정 기간이 지나면 배 밑에 붙은 아노드라고 하는 부식 방지판을 바꿔주어야 한다.

또 매일같이 새들이 날아와 희디흰 갑판 위에 배설물을 뿌려놓는다. 여름과 가을에는 1년에 서너 개의 태풍이 돛대 위로 지나가 바람

다시 돌아온 김녕마리나

에 돛이 터지고 묶어놓은 계류 줄이 끊어진다. 25m 마스트 꼭대기
의 바람개비가 부러지면 누군가 마스트 승강용 의자에 앉은 채 그
높은 곳으로 올라가 교체 작업을 해야 한다. 조금만 습하면 침실과
옷장에 곰팡이가 금세 시커멓게 피어나고, 그걸 없애기 위한 고생은
말도 못 한다. 돛폭 속에는 새들이 새끼를 치고 물어다 먹인 먹이나
씨앗, 배설물이 치워도 치워도 끝이 없다. 또 새끼들이 다칠까봐 다
자라서 날아갈 때까지 돛도 함부로 펼치지 못한다.

　요즘은 선석 잡기도 하늘의 별 따기다. 참고로 제주 김녕마리나에
서는 한 달 선석이 50만 원 정도지만 코타키나발루항의 선석료는 한

달에 100만 원이다. 전기요금과 수도요금은 별도다. 그래서 요트의 선주는 특별하다. 그런 모든 것을 극복하고 배를 몰아 바다를 달리니 말이다.

자기 배를 가지고 싶다면 열심히 일해서 경제력이 충분하고 개인적인 시간이 넘쳐날 때 구입해야 한다. 요트를 직업으로 삼는 것은 별개의 문제지만, 그렇지 못한데 능력에 맞지 않는 꿈을 꾼다면 그건 말리고 싶다.

Chapter 5

# 지상낙원
# 코타키나발루

수트라하버 리조트

# 코타키나발루와의 특별한 인연

2016년 봄 한 골프 여행사의 행사에 초대되어 처음으로 코타키나발루를 방문했다. 지정학적으로 보면 필리핀 팔라완섬에서 남쪽으로 펼쳐진 대단히 큰 섬 보르네오의 북쪽 지방이 말레이시아 사바주이고 그 주의 주도가 코타키나발루다. 보르네오섬은 남동쪽은 인도네시아, 북서쪽은 말레이시아, 그리고 가운데 조그맣게 브루나이라는 작은 나라가 끼어 있다. 자연재해가 적고 기후가 온화하여 인도네시아 수도가 자카르타에서 이곳으로 옮겨오기로 수년 전에 결정된 바 있다.

이틀 동안 도시에서 2시간 정도 떨어진 골프장에서 경기를 했다. 운이 좋아 내가 최소 타수를 쳐서 상을 받았다. 짧은 일정이라 마지막 날 코타(코타키나발루는 발음하기에 길어 대부분 '코타'라고 부른다) 시내에 있는 수트라하버에서 운동을 했는데, 깨끗한 바다와 맑은 공기 그리고

수트라하버마리나 전경

영어가 공용어여서 언어 장벽이 없다는 점이 마음에 들었다. 일행은
밤 비행기로 귀경하고 우리 부부는 이틀간 더 체류하기로 하여 시내
중심가에 있는 한국인이 운영하는 민박집에 투숙했다. 그런데 다음
날 민박집을 운영하는 젊은 여주인이 오늘밤에는 복층 펜트하우스
에서 주무시게 해드리겠노라고 배려를 해준다. 젊은 친구들이 열심
히 사는 모습이 보기 좋아 이것저것 물어보았다.

코타는 시내 중심지가 바닷가를 따라 10km 정도 길게 뻗어 있고 온갖 먹거리와 볼거리들이 많았다. 특히 앞바다에 떠 있는 몇 개의 섬이 볼 만하고, 또 이쪽 바다는 태풍이 없는 고요한 바다로 수상 스포츠를 즐기기엔 천국이었다. 1년 열두 달 한결같이 날씨가 쾌청하고 기상 변화가 적어 아침에는 선선하고 쾌적하며 오후에는 햇살이 따가운 전형적인 열대 날씨지만 오후 늦게부터 산에서 구름이 내려와 저녁때 비를 뿌린다. 노을 지는 경치가 대단해서 세계 3대 석양으로 꼽힌다.

정말 맛있는 판면

다음 날 아침 일찍 잠에서 깨 밖으로 나가보니 동쪽으로 장엄한 산 하나가 하늘에 걸려 있다. 동남아 최고봉인 해발 4,100m 키나발루산이다. 푸르고 맑은 아침 하늘에 우뚝 선 모습이 장관이었다. '와, 이렇게 멋진 동남아 도시가 있었구나!' 하고 절로 감탄사가 나왔다. 민박집 주인 부부가 아침 식사를 근처 로컬식당에서 사 주었는데 우리의 수제비와 같은 판면이라는 국수였다. 국물도 맛있고 가격도 착했다. 이들 부부가 민박집을 하게 된 사연을 들어보니 내 젊은 날이 생각났다. 무엇을 도와줄 게 없느냐고 물어봤더니, 수트라하버 마리나의 골프 회원권이 있으면 한국에서 고급 손님을 받을 수 있는데 그걸 못 해서 안타깝단다. 회원권 값이 얼마냐고 물어보니 한화로 2,000만 원 이내였다. 법인회원권은 한화 3,500만 원 정도…. "내가 하나 사주면 자네들은 내게 뭘 해줄 텐가?" 하고 물었더니, 1년에 한 달간 방 하나를 빌려주겠단다.

그렇게 인연이 되어 그들에게 회원권을 사 주었다. 그리고 2017년 1월 골프 친구들을 몰고 가 일주일 동안 지내보니, 왜 은퇴 이민자들이 이곳을 첫 손가락으로 치는지 이유를 알 것 같았다.

그렇게 작은 인연이 계기가 되어 우리 부부는 은퇴 이민 비자를 받았다. 받기가 쉬운 것은 아니어서 여러 서류들도 준비해야 하고 시간도 상당히 걸렸다. 조건도 꽤 까다로웠는데 일단 건강해야 하고, 월 3,000달러 이상 고정 수입이 있어야 하며, 범죄 경력이 없어야 한다.

그렇게 몇 번을 한국과 코타를 오가며 지내다 보니 시내에 집을 한 채 갖고 싶었다. 그곳 부동산 업체에 이야기해놓았더니 운 좋게 내가 꼭 필요로 하는 펜트하우스가 매물로 나왔다. 소유주는 홍콩에 거주하는 영국인 대학교수인데 엄청 까탈스러워서 계약금을 지불하고 반년이 지나서야 거래를 성사시킬 수 있었다. 코타의 부동산 거래는 모두 변호사를 통해 이루어진다. 계약금도 잔금도 모두 변호사를 통해 오가기 때문에 당사자들은 서로 얼굴을 마주볼 일이 없다. 우리 계약은 중간에 취소될 뻔했으나 우여곡절 끝에 잔금 지불을 끝내고 2018년 1월 2일 드디어 집을 인수받았다. 인수 시 집에 보관 중이던 그림과 소품 50여 점도 함께 받았고, 인도 캐시미어 지방의 '무스타파 바바'라는 유명한 장인이 만든 호두나무 수제 응접세트도 저렴한 가격에 구입했다.

집은 전망도 멋져서 바다가 바로 앞에 보이고, 복층으로 85평이

넘는 대저택이어서 정말 기분 좋았다. 집
안의 인테리어도 모두 대리석과 원목으
로 꾸며져 있어 약간 수리만 하면 훌륭할
것 같았다.

이 이야기를 읽는 젊은 친구들은 내가
여기 쓰는 이야기를 자기 자랑으로 생각
지 말고 부디 잘 소화시켜 인생의 한 지
표로 삼았으면 한다. 우리나라 대부분의
부자들(요즘 기준으로 순자산 100억 원 이상 가진
사람)의 삶을 보면 실로 답답하다. 장년에
서 노년에 이르는 20~30년 동안 모험도
위험도 도전도 없는 밋밋한 삶을 사는 이
들이 90퍼센트 이상이다. 모아둔 돈은 또
다른 돈을 벌어들이는 도구에 불과할 뿐,
진정 자기의 남은 삶을 위해 쓰는 사람들
은 드물다.

또 투자의 한 방법으로도, 남은 삶을
멋지게 즐기기 위해서도 우리나라를 벗
어나면 정말 좋은 곳이 많고 재미있는 일
도 많다. 코타에 가면 나와 같은 은퇴 이
민자들이 많은데, 국내에서 쓰는 돈의 절
반 정도로도 쾌적하고 밝고 재미있는 은
퇴 생활을 즐기며 코타가 천국이라고 표

❶ 코타의 우리 집(주황색 아파트)
❷ 내 아파트에서 본 바다 전경

251

우리 집 거실

현한다. 해외에 나가서 사는 것은 꼭 해봐야 할 가치 있는 모험이다. 모험은 성취감을 주고 또 모험은 몸과 마음을 젊게 만든다.

코타의 집은 100일 정도 충분한 기간을 잡고 한국 인테리어 업체를 통해 리모델링하여 완벽하게 고쳤다. 2층 가족실을 방으로 만들고, 방음을 위해 창문도 모두 이중창으로 만들었다. 우리가 속한 마리나 코트 콘도 4개 동 중 우리 집이 가장 위치도 좋고 조용하고 넓고 아름다워 언제 생각해도 흐뭇하고, 당장이라도 그곳으로 가고 싶다.

자주 와 있을 요량으로 차도 하나 구입했다. 은퇴 이민자에게는 면세로 차량을 구입할 수 있는 혜택이 주어졌는데 나는 그 혜택을 받은 마지막 이민자가 되었다. 어떤 이유인지 그 제도는 사라졌다.

추운 겨울이 아니어도 언제나 맑고 밝은 햇살 아래 생활한다는 것은 노년에 꼭 필요한 생활 조건이다. 아는 사람들은 별로 없지만 우리나라의 장년층과 노년층 골퍼들이 겨울이면 동남아시아 여러 지역을 찾아 공을 치며 몇 달씩 나가서 생활하는 숫자가 수만 명을 헤아리고, 그 비용으로 매년 수조 원의 비용이 나간다고 한다. 겨울에 한국 사람이 오지 않으면 동남아의 모든 골프장들은 아마도 다 굶어 죽을 것이다.

아, 또 하나 크게 짚고 넘어가야 할 사안이 있다. 일단 해외로 나가면 국내 문제는 수천km 떨어진 곳에서 보는 소위 강 건너 불구경으로 변한다. 따라서 스트레스가 없다. 국내에 있으면 잘 발달된 매스컴과 첨단 스마트폰이 온갖 정치와 경제, 국제 문제, 북한 문제 등 꼭 알 필요가 없는 쓰레기들을 우리 머릿속에 매시간, 아니 초단위로 퍼부어 넣는다. 특히 수많은 정치 사안들이 갈등으로 나라를 갈가리 찢어 우리를 혼란스럽게 한다. 그런 것을 안 보고 안 듣고 생각조차 안해도 되는 세상은 진정 천국이고, 그건 우리가 해외를 나가봐야 얻을 수 있는 행운이다.

벗삼아호를 코타로 가지고 가기로 결정한 것은 수트라하버를 구경한 직후였다. 항구가 얼마나 멋있는지 모른다.

많은 지인의 응원 속에 출항하다.

# 동남아 2차 항해 시작

★

나는 본격적으로 2차 동남아 항해 계획을 수립하기 시작했다.

2018년 11월 2일 새로 장착한 신형 엔진과 장비들을 탑재하고 우리는 김녕항을 떠났다.

전날 저녁 1차 항해 때 참가했던 대원들이 모두 제주로 모였다. 횟집에서 우리는 참돔회를 시켜 먹으며 지난 항해 중 모험담을 이야기하며 즐거워했고, 모두들 우리의 무사 항해를 기원해주었다. 특히 윤병진 사장은 부모님을 모시고 내려왔다. 아들이 내 배를 탄 후 크게 각성하고 항상 벗삼아호 이야기를 해서 고맙다는 인사말을 꼭 전하고 싶으셨단다. 출항하는 당일 아침에도 모두들 다시 마리나로 나와 고맙게 우리 배가 떠나는 모습을 배웅해주었다.

보르네오섬 북단 코타키나발루 수트라하버마리나까지 약 1700해리, 한 달 예정의 긴 여정이다. 하지만 이번에는 대만으로 바로 내려

이어도 항차 중 바라본 한라산

가고, 대만에서도 필리핀까지 또 바로 건너가는 스케줄이므로 날씨 때문에 힘든 일은 없을 쉬운 일정이다. 전 구간 나를 대신하여 선장을 맡아줄 친구는 우리나라에서 첫 요트 세계일주의 기록을 가지고 있는 윤태근 선장으로 정했다.

그와의 인연은 각별하다. 우리는 호형호제한 지가 얼추 10년은 되어간다. 전 구간 같이 항해할 또 한 친구는 학교 후배 노승기 씨다. 매사에 겸손하고 재주가 많은 후배여서 함께 항해하면 도움이 많이 될 것으로 기대된다. 그는 스쿠버 강사다. 물론 내 동생도 함께 참가하며 모든 행정과 총무 업무, 항해 중 식사 준비를 맡기로 했다. 사실 나는 구간구간 나누어 타지만, 그는 처음부터 끝까지 나를 대신하여 선주 노릇을 할 것이다.

피닉스아일랜드 김선일 팀장이 지상 지원 팀장을 흔쾌히 맡아주었고, 장비와 관련한 부분은 부산의 마린크래프트 이원부 박사가 봐주기로 했다.

　대만까지는 4~5일 일정이었다. 항해 중 25~30노트급 바람이 잠 깐 있겠지만 큰 바람은 없고, 단지 너울은 좀 예상됐다. 이어도를 들 러볼까 했으나 항로가 맞지 않아 그냥 남하하기로 했다. 성산일출봉 과 섭지코지를 지나며 배웅해주는 김선일 팀장을 뒤로하고 난바다 로 나가 30마일쯤 내려갔을 때 아래서 점심 준비를 하던 동생이 "형 ~" 하며 나를 부른다.

　"왜?"

　"좀 내려와봐."

　살롱으로 들어서자 피비린내가 코를 찌른다. 깜짝 놀라 보니 동생 의 오른다리에서 피가 퍽퍽 솟아나온다. 요리를 하다 식칼이 바닥에 떨어져 튀어오르며 다리를 찍은 것이다. 모두들 내려와 붕대로 지혈 을 하고 우리는 바로 배를 돌렸다. 물론 동맥은 피했지만 정맥에 맞 아 피가 솟는데 지혈이 된다고 그냥 갈 일이 아니다.

　이번 항차는 5일쯤 걸릴지도 모르는데 난바다에서 상처가 악화되

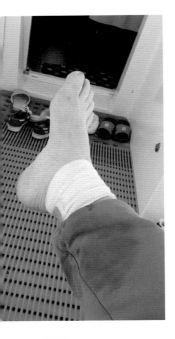

불의의 사고

면 대책이 없다. 김선일 팀장에게 가까운 위미항으로 오라고 하고 부지런히 제주로 되돌아갔다. 물론 항구로 다시 들어가려면 해경에게 보고하고 출입국관리소와 세관에 가서 또다시 입항 및 출항 절차를 밟아야 하지만, 해상에서는 비상 상태에서 치료를 위한 조치는 모든 것에 우선한다. 위미항에 들어서니 김선일 팀장이 와서 기다리고 있었다.

나는 배를 어선용 폰툰에 임시로 접안시켜 대기하기로 하고, 나머지 셋이 병원으로 갔다가 한 시간쯤 후 돌아왔다. 몇 바늘 꿰매고, 주사를 맞고 약까지 타왔다.

우리는 앞으로의 항해에 큰 액땜을 했다고 서로 위로한 후, 다시 김 팀장과 작별하고 배를 띄웠다. 이런 사고를 보는 시각에도 프로와 아마추어의 차이는 존재한다. 또 상식과 비상식의 시각 차이도 난다. 그냥 보통의 안전사고인데 이걸 전체 항해에 영향을 미치는 미신적 해석을 할 수도 있다. 바보들이나 하는 짓이다.

위미항까지 다시 돌아오느라 4~5시간이 지연돼 어차피 항해 일정은 늦어졌고, 당초 가보기로 했던 이어도를 경유할 명분으로 바뀌었다. 나는 뱃머리를 이어도 쪽으로 돌렸다. 가파도와 마리도를 지나 동남쪽으로 나아갔다. 해가 떨어지기 바로 직전 매어놓은 트롤 낚시

258

에 예쁜 고기 한 마리가 잡혔다. 횟감으로는 조금 작다. 이윽고 해가 지고 멀리 제주의 한라산이 어둠에 가려졌다.

AIS로 보는 수많은 중국 어선들

번을 설 순서를 정했다. 나는 새벽 시간으로 정하고 가장 어려운 시간은 윤 선장이 맡았다. 처음 장거리 항해를 해 보는 노 박사(나는 학위가 있든 없든 상대가 환갑이 넘었으면 박사라고 부르길 즐긴다)가 들떠서 잠이 오지 않는지, 조용히 선교 위에 올라와 번을 서겠다고 자청한다.

윤 선장을 먼저 들어가 좀 쉬라고 내려보내고, 우리 둘은 항해를 주제 삼아 수많은 이야기를 했다. 두세 시쯤 나도 침실로 내려와 한두 시간 눈을 붙였다. 그리고 새벽 5시경 어둠 속에서 선교에 올라보니 우리가 목표로 가고 있는 이어도 주변에서 수많은 어선들이 AIS 플로터에 잡혔다. 수십 척이 아니라 수백 척은 되는 것 같았다. 마치 중국 어선이 군단처럼 이어도를 포위하고 있는 듯했다.

점점 다가가자 멀리 육안으로도 분명한 이어도의 철 구조물이 나타나고, 군단처럼 보였던 중국 어선들도 가까이 가자 수km 혹은 수백m씩 떨어져서 조업하는 모습으로 바뀌었다. 두 대가 나란히 쌍끌이를 하는가 하면, 밤새 조업 후 배에서 쉬는지 미동도 않고 그 자리를 지키는 배들도 많았다. 특이할 점은 그물에도 파손을 방지하기 위해 AIS 추적 장치를 가동시켜서 지나가는 배들이 미리 플로터로 확인하고 피해가도록 해놓았다. 중국이 변화하는 속도는 번개 같다. 예전 같으면 AIS를 장착한 어선들은 구경도 못 했는데.

빤히 보이는데도 이어도에 접근하기까지 1시간가량 걸렸다.

아침 8시, 우리는 많은 사진들을 찍으며 평소 와보고 싶었던 이어도를 접하니 감개무량했다. 무전으로 이어도 통제센터를 불러보았으나 아무도 근무를 서지 않는 듯 대답이 없다. 그곳에 근무자가 있으면 우리 배 사진도 찍어주도록 부탁하고 인사도 나누고 싶었으나 거대한 철 구조물 위에 얹힌 건물은 비어 있었고 근처로 접근하자마자 경고 방송이 나왔다. 영어, 중국어, 일본어 등으로 대한민국 재산이므로 침입하면 법적 조치가 있을 것이라는 내용인데, 아마도 일정 지근거리로 배가 들어오면 자동으로 경고 방송이 나오도록 해놓은 모양이었다.

30분쯤 근처에서 사진을 찍고는 다시 대만을 향해 내려가기 시작했다. 바람은 19시 방향에서 12~15노트로 지속적으로 불어 항해에는 최적이었다. 1단 축범하여 범주하는데도 7~8노트의 좋은 속도가 유지됐다. 물론 난바다라 너울은 상당했다. 눈으로 보면 3~4m 정도로 꽤 높고 거친 편인데 막상 모바일 폰으로 촬영하면 별것 아닌 것처럼 나오니 모를 일이다. 그새 삼치 큰 놈 한 마리가 올라왔다. 윤 선장이 회를 쳐서 모두들 달게 먹었다.


배에서의 하루는 후딱 간다. 잠깐 뭔가를 하고 있으면 점심 시간, 또 몇 번 근무를 서고 나면 저녁 시간, 잠깐 자고 나면 새벽 동이 튼다. 배를 타고 며칠 혹은 몇 달간 망망대해를 항해한다고 하면 일반 사람들은 무척 힘든 일처럼 생각하는데, 혼자도 아니고 여럿이 항해

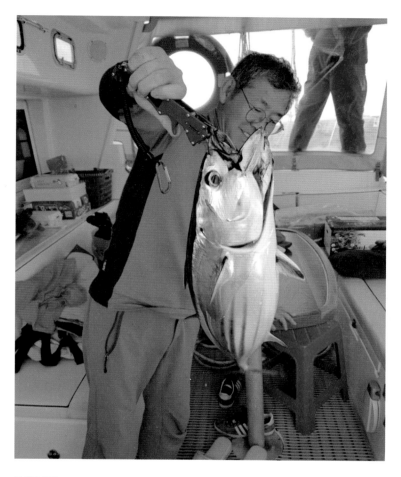

동생과 참치

하는 것은 바다가 거칠지 않으면 멋진 일이다.

식사는 식단표대로 아침부터 저녁까지 모두 훌륭했다. 한식, 일식, 중국식 그리고 이태리식 등 준비해온 식재료도 훌륭했고, 요리를 맡은 동생도 이젠 실력이 프로급이었다.

261

살롱에서 바라본 석양

　하루에 한 번은 위성전화로 우리 위치를 김선일 팀장에게 보내주
고 통화를 하며 기상 상황을 받아본 후 속도나 코스를 정했다. 대만
에 근접했을 무렵 비와 함께 조금 큰 바람이 예고되었다.

　두 번째 밤을 보내고 아침나절 큼직한 참치 한 마리가 걸렸다. 모
두들 싱글벙글 좋아하며 저마다 고기를 들고 사진을 찍었고, 몇 시간
후 그놈은 머리만 냉장고에 남기고 참치회덮밥으로 만들어져 사라
졌다. 직접 잡아서 먹어보면 살이 엄청 찰지다.

　바람이 조금 약해지면서 6시 방향으로 돌아 할 수 없이 돛을 접고
기주를 시작했다. 대부분 요트를 타는 사람들은 기름을 아낀다고 속
도가 떨어져도 바람으로 간다. 난바다 항해는 항해이지 유람이 아니
다. 가급적 빨리 안전하게 목적지에 도착하는 것이 최고의 목표다.
기름을 아끼려면 요트를 타지 말아야 한다는 것이 내 철학이다. 물론
영업용은 예외다. 7.5~8노트 속도를 유지했다.

이어도 해상기지

　한참 낮잠을 자고 있는데 포트 쪽 엔진이 꺼졌다. 금방 정신이 번
쩍 든다.
　"왜?"
　"글쎄요."
　이어도를 지나 제법 심한 너울파도에 배가 좀 흔들리자 왼쪽 엔진
이 주행 중 꺼지는 현상이 나타났다. 순간 '연료 문제구나' 하는 생각
이 들었다. 왜냐하면 12년간 청소를 하지 않은 연료탱크가 이물질에
오염되어(디젤을 먹고 사는 이끼류가 있다) 연료 라인을 막는 일이 이전에도
종종 있어왔고, 꼭 왼쪽 탱크가 항상 문제를 일으켰기 때문이다. 며
칠 전 배를 육상에 올렸을 때 청소를 해놓을걸 하는 후회가 밀려왔
다. 왜 그 생각을 못했을까?
　바람은 그럭저럭 AW 120도에서 12노트로 불어 돛과 오른쪽 엔
진의 힘으로 7~8노트 속도는 유지되고 있었다.

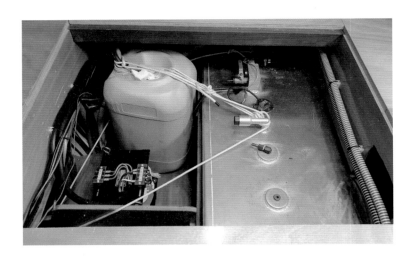
연료 공급 문제로 비상조치

내가 답답해서 윤 선장에게 물었다.

"엔진 한번 봐야지?"

"형님, 저는 이럴 때 본능적으로 아무것도 안 하고 좀 지켜봅니다. 일시적인 문제일 수도 있고, 급할 것 없는 상황이면 여유를 가지고 대처하는 것이 항상 옳더라고요."

하긴 방금 꺼진 엔진룸은 그 열기에 들어갈 수조차 없으니까….

조금 있다 다시 시동을 걸었지만 이내 또 꺼져버리는 현상이 재발했다.

점심 식사 후 조금 쉬었을까, 파란색 작업복을 턱 갈아입고 나타난 윤 선장이 엔진룸을 열고 내려선다. 나도 좀 지켜볼 생각으로 콕핏에서 내려다보았다. 윤 선장이 이리저리 5~6분 지켜보더니 필요한 공구를 요청한다. 연료 필터 분리 시 흘러나올 수 있는 경유를 닦는 휴지와 수건, 플라스틱 받침 등도 함께….

1차 필터에서 많은 양의 이물질이 나왔다. 그런데 연료 필터 여분이 어디 있더라? 아무리 찾아봐도 없다. 일단 구경에 맞는 오일 필터로 대체하기로 했다. 연료 라인이 심하게 막혀 힘껏 불어도 잘 안 불어진다. 큰일이다. 나도 직감적으로 한 번에 해결될 문제가 아님을 알았다.

필터를 갈고 엔진을 정상화시키는 윤 선장의 솜씨는 군더더기 없는 프로다. 경유 한 방울 흘리지 않고 일을 끝내더니 자기 방에 들어가 평상복으로 갈아입고 나왔다.

대부분 요트 속도는 5노트다. 카타마란도 인도양이나 대서양을 횡단할 때 7~10일쯤 바람 없이 기주한다면 고장을 우려해 엔진 2대를 교대로 돌리며 최저 속도를 5노트 정도로 잡고 항해한다. 우리 연료 탱크에는 650리터의 경유가 들어간다. 엔진 2대를 2,500RPM으로 유지하면 시간당 10~15리터 정도 쓴다. 그렇게 계산하면 60시간가량 쓸 수 있고, 7.5노트 속도면 450마일은 갈 수 있다. 대만에 도착하고도 남는다. 그래서 우리는 힘차게 달렸다.

엔진도 고쳤고 저녁까지 휴식이다. 에라! 음악이나 듣자. 지구 표면을 미끄러지듯 달리는 배 위에서 한스 짐머가 작곡한 「크림슨 타이드」의 OST를 듣는다.

새로 장착한 퓨전 스피커로 들어보니 장엄하다.

화롄항의 돌고래 조형물

# 갈등

100여 시간, 4박 5일간의 긴 항해가 끝나고 화롄항[花蓮港]에 도착했다. 눈부시도록 푸른 하늘과 해발 1,000m가 넘는 주변의 산맥들 그리고 항구도 물이 맑고 깨끗했다. 윤 선장 지인인 테리라는 친구가 입국을 도와주고 배를 정박할 장소도 알선해주었다.

항구에 가까이 접근하며 화롄항의 해상관제센터VTS를 호출하고 우리의 입항을 알리려고 교신을 시도했다가 망신만 당했다. 화롄항의 VTS 근무자가 영어로 이야기하는데 나는 한마디도 알아들을 수 없었다. 나는 내 이야기를, 그는 그의 이야기를 하며 서로 난감해했다.

옆에서 윤 선장이 끼어들어 "대충 우리 배의 고유 무선호출기 코드번호가 뭐냐고 물어보는 것 같네요"라고 한다. 아니, 내가 그래도 왕년에 영어깨나 하고 영어로 밥도 먹고 살았는데 이게 무슨 망신?

영어에 광둥어 사투리를 섞어 볶아내면 완전히 다른 언어가 되나

화련항 도착

보다. 어쨌든 무선으로 통신하는 것은 대실패였다.

　사흘 만에 육지를 밟고 검역과 통관절차를 마치고, 여권을 챙겨 출입국관리소로 입국 신고를 하러 갔는데 아주 간단하게 끝났다. 테리에게 다음 날 연료탱크를 청소하기 위한 기술자를 수소문해달라고 부탁했다. 오는 도중 수시로 엔진이 꺼져서, 필터 청소로는 감당이 안 돼 나중에는 20리터짜리 연료용 빈 플라스틱 통에 연료를 미리 퍼 올린 후 그곳에서 엔진으로 기름을 보내도록 임시조치를 하면서 입항했기 때문에 탱크 청소가 급선무였다.

　우리는 저녁 무렵 화련 요트클럽 멤버들과 야시장으로 식사를 하러 갔다. 그쪽에서 우리 나이 또래 친구들 댓 명이 나와 우리를 대접했는데 가히 중국 사람들의 기개가 잘 드러나는 엄청난 음식과 술로 우리 모두 떡이 되었다. 특히 우리 일행 중 노 박사가 어쩌나 잘 노는

화렌항 야시장 구경

지, 대만 친구들과 어울려 밤늦도록 인생과 항해를 소재로 친구가 되어갔다. 한국어, 중국어, 영어 모두 사용하고 말이 안 통하면 손짓과 발짓, 표정으로 모든 것이 통했다. 다음 날 우리가 그들을 배로 초대하기로 하고 파티는 끝났다.

전날 파티로 늦게 일어난 우리는 대만 기술자가 와서야 정신을 차리고 연료탱크 청소에 대해 회의를 했다. 그 친구가 차에 싣고 온 장비를 이용해 탱크 안의 경유를 모두 뽑아내고 빈 탱크에 고압 공기를 투입해 깨끗하게 청소한 후 경유를 필터링해 탱크에 다시 넣기로 결정했다. 중국어를 잘 아는 동생이 협상을 했는데, 한참 후 그가 원하는 금액이 70만 원 정도라고 보고한다. 그건 너무 비싸서 말이 안 되니 30만 원까지 깎아보라고 했다. 나중에 보니 그 친구가 견적을 낸 화폐 단위가 달러가 아니라 대만달러였다. 그러니까 우리 돈 3만

화렌 요트클럽 회원과의 저녁 만찬

원이라는 말도 안 되는 금액으로 이 작업을 하겠다고?

우리는 정말 놀랐다. 한국 같으면 적당히 100만 원 정도 달라고 해도 이상할 것이 없는 작업인데 세상에 3만 원에? 그리고 우리는 숙연해졌다. 그래, 이게 진짜 정직한 사회 아닐까?

이제 지금부터 쓸 이야기는 남자들 세계에서의 갈등 이야기다.

나는 다른 작업을 하고 있고, 동생과 노 박사가 윤 선장의 지시에 따라 기름을 퍼 올리는 일을 하고 있었다. 그런데 그때까지 묵묵히 일을 하던 노 박사가 큰 소리로 못해먹겠다고 소리를 지른다. 도대체 화장실 갈 시간도 안 주고 사람을 부려먹느냐며 불만을 터뜨리자 배 안의 공기가 순식간에 얼어붙었다. 이곳에 모인 네 명이 어떤 사람들인가? 모두들 내로라하는 경력의 소유자들이고, 어디를 가도 남에게 존경받는 사람들인데 한 배를 타다 보니 누구는 선장, 누구는 기술자, 그리고 누구는 기술자의 지시대로 소위 허드렛일을 하는 처지가 된 것이다. 아마도 노 박사는 제주에서 출발하면서부터 계속 막둥이 역할을 하다 보니 역정이 났으리라. 나이는 그가 나 다음으로 많

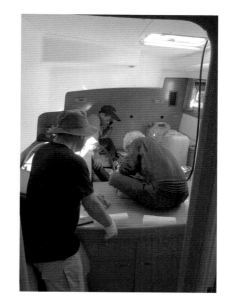

연료탱크 수리

았고 윤 선장이 제일 어렸다.

결국 내가 중재를 할 수밖에 없었다. 윤 선장은 선장이다. 나이가 어려도 그의 권위를 인정해주어야 한다. 그리고 그의 지시에 따르지 못하면 하선할 수밖에 없다. 물론 어떤 지시가 어떤 방식으로 내려와 노 박사가 격노했는지는 모르지만 분노를 삭이고 이성을 찾자고 했다. 노 박사도 사과하고 윤 선장도 사과했다. 서로 예민해져 있었는데 그것 때문에 항해를 떠나온 큰 그림을 망치지는 말아야 한다는데 모두들 동의하고 갈등을 봉합했다. 그리고 이후 단 한 번도 큰소리를 내지 않고 항해가 끝날 때까지 화기애애한 분위기를 유지했다.

남자들의 세계에서 갈등은 본능 같은 것이다. 모르는 사람들끼리 만나면 은연중 상대를 판단하고 기 싸움을 한다. 그리고 시간이 가면

화롄항에 정박한 벗삼아호 야경

서 순위가 정해지는데, 이 순위는 엄정한 룰에 따른다. 어렸을 때는 모두 조건이 같으면 몸싸움과 주먹다짐으로 정해지지만, 나이가 들어가면 직위, 금력, 사회적 영향력, 학력 등등이 순위를 정하는 데 영향을 미친다. 이건 필연이다.

우리 배의 이번 항차는 조금 그 순위가 모호했다. 그것이 이 사단을 만든 것이다. 나는 나이가 제일 많고 선주이며 학교 선배고, 동생은 동생대로 그의 권위가 있고, 노 박사는 나이와 사회적 영향력 등에서 결코 아래가 아니었다. 수만 마일 지구를 한 바퀴 돌아온 윤 선장의 항해 경력은 또 말해 무엇하랴. 이 경우 큰 탈이 없으려면 결국 한 가지 해법밖에 없다. 그건 상호 존중이다. 타인을 존중해주는 건 아무것도 들어가지 않지만 모든 것을 얻을 수 있다.

서로 화해를 한 후 작업을 끝냈다. 그날 저녁 우리 배에서는 대만 친구들을 위한 파티가 벌어졌다. 모두들 웃고 떠들 때 나는 혼자 선교에 올라 화려하게 빛을 내는 화렌시의 야경을 바라보며, 지금부터 내가 빠지고 저 세 명이 수빅까지 긴 항해를 할 텐데 모두들 화목하게 잘 어울려 더 이상 어려운 일이 없기를 속으로 기원했다.

# 대만 화렌에서
# 필리핀 코론까지

### 화렌에서 컨딩까지

　형은 급한 일이 있어 코론에서 합류하기로 하고 떠나 다시 세 명이 남았다. 택시를 대절해서 화렌의 유명 관광지를 돌아보려는데 윤 선장이 홀로 남아 배를 지키겠다고 한다. 아쉽지만 노 선배랑 둘이서 뛰다시피 화렌의 대협곡 타이루거[太魯閣]를 돌아본다.

　보통의 대만 여행은 타이베이를 중심으로 관광을 하고 4박 5일 이상의 여

화렌항에 정박 중인 벗삼아호

타이루거 지역 관광

행에서나 화롄까지 관광하는데 타이베이에서 오려면 꽤 먼 거리에 험한 여정이다. 화롄에서 며칠을 머물다 가면서도 항구 주변만 돌아보고 가기엔 아쉬웠는데 한국 관광객은 처음 태운다는 택시기사가 적절하게 가이드를 잘해 줬다. '위쳇' 아이디를 주고받으며 지인들이 화롄에 간다면 소개를 해주기로 했다.

출항 전날에 아미고 요트팀 멤버와 벗삼아호에서 저녁 식사를 하기로 했다. 이제는 열댓 명 식사 준비는 일도 아니다. 외국인들이 의외로 김치를 좋아하고 한국 김을 맛있어한다. 오리고기나 돼지고기를 굽고 야채 몇 가지, 달걀 노른자위와 흰자위를 따로 부쳐서 채썰어 적당히 쟁반에 담아 월남쌈과 해선장 소스만 내어놓으면 북경 오리구이 부럽지 않다. 김치전까지 하나 더 추가해 내어놓고 밑반찬 몇 개 담아놓으면 누구나 좋아하는 벗삼아표 성찬이 된다. 이 메뉴 역시 대만에서도 통했다.

대만 친구들 몇 명이 찾아와 출항신고도 쉽게 도와주고 전송을 해준다. 한

화렌 요트클럽 가족의 벗삼아호 방문

참이나 들어갔던 방파제를 다시 나와서 난바다로 나오니 며칠의 휴식은 잊고 다시 항해 모드에 들어선다.

항해를 하면서 윤태근 선장에게서 많은 것을 느끼고 배웠다. 윤 선장은 직업 요트인이고 나는 여행이 목적인 아마추어다 보니 항해 스킬이야 당연히 차이가 나겠지만, 무엇보다 항해에 임하는 자세가 많이 다르다.

윤 선장은 옷차림부터 다른데, 일단 당번 시간이 되면 항해복으로 갈아입는다. 정비나 수리를 할 일이 생기면 항해 중이라도 작업복으로 갈아입고 작업하며 그 외 시간에는 편안하게 평상복을 입거나 때론 훌렁 벗어 맨몸으로 있기도 한다. 나처럼 추우면 입고 더우면 벗는 사람과는 마음 자세와 습관이 다르다. 또 안전에 대해서는 심하다 할 정도로 강조를 하는데, 우리 요트가 아무리 첨단 장비를 탑재했어도 브리지에는 항상 한 명의 견시자는 있어야 하고 근무 시에는 하네스를 걸고 하라고 강조를 한다.

우리 요트는 카타마란이라 모노헐 요트에 비해 롤링이 별로 없어 선상을 다닐 때 굳이 하네스를 안 걸고 손잡이만 잘 잡고 다녀도 안전하다고 생각하고 기상이 심각할 때만 세이프가드를 설치해 하네스를 걸고 다녔는데, 단독 항해를 많이 한 윤 선장의 생각은 "배에서 떨어지면 곧 죽음이다." 요트 교육을 받을 때 인형을 떨어트리고 시간 내에 구조하는 연습을 많이 했지만, 윤 선

출항

장은 이것이 난바다에서는 '말짱 꽝'이라며 예방밖에는 방법이 없다고 주장한다.

공감은 하지만 습관이란 게 쉽게 바뀌진 않는다. 하지만 이번 항해 중에는 선상에서 항상 하네스를 걸고 당번을 서는 습관을 들이려 노력했다.

한 가지 아쉬운 점은 항로를 선정하고 정박지를 정해 일정을 짤 때 나는 가급적 좋은 곳을 많이 들러 이곳저곳 구경할 곳이 있으면 구경하고 쉬엄쉬엄 가기를 원했는데, 윤 선장은 요트는 바다에서 항해 중일 때가 가장 안전하다며 정박 없이 목적지를 향한다. 또 나는 주간에 항해하고 야간에는 정박해서 쉬었으면 좋겠는데 윤 선장은 안전한 정박지를 찾아도 들어가고 나오고 할 때는 사고의 위험도 많고 시간 낭비라며 항해에만 전념한다.

항해 계획을 잡을 때 나 나름대로 항해 시간을 고려해서 안전한 정박지를 찾고 항로와 일정을 잡아 윤 선장에게 괜찮겠냐고 메일로 보내서 좋다는 사인을 받았었다. 그런데 실제 항해는 계획과는 관계없이 최대한 빠르게 목적지를 향하여 내려가기에 몇 번을 돌려서 쉬엄쉬엄 가자고 말해보았지만 별로 안 내켜하는 눈치다. 선장은 윤 선장이니 더 조르면 부담으로 느낄까봐 육지

트롤에 잡힌 만새기

구경을 포기했다. 나야 두 번 지나다닌 항로지만 윤 선장이야 수없이 지나간 항로니 선장의 결정에 따르는 것이 맞다고 생각한다.

출발 후 얼마 안 지나 만새기가 잡혔다. 반은 회로, 반은 구이로 해서 점심 식사를 만새기로 채웠다. 잠시 후 만새기 한 마리를 더 잡아 손질을 해서 냉동고에 넣었다. 대만 바다에서는 참치는 소식 없고 만새기만 계속이다. 잡히는 만새기를 놓아주다 트롤 낚시를 걸었다.

144마일 꼬박 하루를 항해하여 컨딩에 도착한다. 컨딩은 두 번이나 드나든 곳이라 친구 집에 온 것 같다. 하루에 계류비가 1만 원 정도로 저렴하고 물은 2천 원, 전기는 무료다. 입출항수속은 감동적일 정도로 빠르고 친절하다.

항상 신세 지는 등 선생에게 연락을 했더니 바쁜 일이 있어 다음날 온다며, 필요한 조치는 사무실에 부탁해놨으니 걱정 안 해도 된다고 했다.

몇 년 전 교류했던 라군 450 'TEMPUS호'도 같은 자리에 있는데, 비키니 입은 여자 크루는 안 보이고 남자아이들만 술판을 벌이고 있다. 일단 교통편 확보를 위해서 전동 킥보드를 타고 오토바이 대여소에 갔더니 가게문이 닫혔고 주변에는 다른 대여소가 없다고 한다. 관리사무소에 들러 택시 전화번호를 몇 개 받아 돌아왔다.

컨딩은 다이빙 포인트가 많아 노 선배한테 싼값에 흥정을 하고 왔으니 내일 다이빙 가자고 했다. 그랬더니 컨디션이 안 좋으니 혼자 다녀오라고 한다. 나야 이미 다이빙을 몇 번 한 터라, 6만 원쯤 주고 승합차를 대절해서 컨딩이

❶ 컨딩 지역 관광 ❷ 컨딩을 떠나며

첫 방문인 노 선배를 위해 관광지와 야시장을 돌아보았다.

대만을 떠나기 전 남은 대만 돈 전부를 털어 금문 고량주 한 짝과 맥주 두 박스를 배에 실었다. 차가 없으니 대만 형님들 신세를 또 진다. 출국 전에 연료를 460리터 채웠다. 리터당 27타이완달러. 유류 가격은 우리네랑 비슷하다.

사무실에 내일 새벽 출국한다고 출국수속을 부탁했더니 가오슝에서 오늘 내려와 미리 수속을 해주겠다고 했는데 저녁을 먹고 밤이 깊어도 소식이 없다. 잘못 알아들었나보다 생각하고 일찍 잠자리에 들었는데 밤 9시가 넘은 시간에 밖에서 누가 부른다. 출입국관리소 직원이 늦어서 미안하다며 출국수속을 해주고 다시 가오슝으로 돌아간다. 공무원이 우릴 위하여 이 늦은 시간에

와주다니 다시 한 번 감동을 받았다.

컨딩에는 벗삼아호 말고도 태극기를 단 다른 카타마란이 한 대 더 있었다. 통영에서 출발한 '루미호'인데 우리와 항로가 같아 컨딩부터는 함께 가면 좋을 것 같았다. 요트는 컨딩에 정박하고 잠시 한국에 일 보러 갔던 루미호 선장님이 입국이 늦어져 우리가 먼저 출발하고 바로 따라 떠난다고 했는데, 서둘러 떠나려다 발을 크게 다쳐서 결국은 함께 하지 못했다.

## 컨딩에서 수빅까지

컨딩에서 루손섬 북단까지는 200마일이 넘는 루손 해협을 건너야 하는데 늘 거칠고 험하다. 각오를 단단히 하고 루손섬 북서부 지역으로 향한다.

여유로운 항해

야간 항해를 포함한 32시간이 넘는 거친 항해는 긴장을 해서인지 피곤하다. 가끔 날치가 뱃전에 날아들고 넓고 푸른 바다와 저녁노을이 낭만적인 풍경을 만들어주지만, 실상 식사도 준비해야 하고 20노트가 넘는 바람을 잡으러 수시로 세일을 조정해야 하니 생각보다 바쁘다.

육지가 가까워지니 바람도 옆바람에서 뒷바람으로 바뀌고 바다도 편안해진다. 대만 국기를 필리핀 국기로 바꿔 달고 편한 마음에 졸고 있는데 우리를 찾는 무전이 계속해서 들어온다. 그동안 필리핀은 주인 없는 바다처럼 'SOS' 긴급 호출에도 해군도 해경도 응답이 없던 곳인데, 웬일인지 필리핀 해군이 벗삼아를 부른다. 응답을 하니 "어디서 오냐?" "어디로 가냐?" "몇 명이 탔냐?" 등등 통상적인 질문을 해댄다. "선장 이름이 뭐냐?" 해서 대답을 하니 스펠링을 불러달란다. 한 자 한 자 불러주니 알파벳 말고 '포네틱 코드'로 부르라며 강력하게 명령한다. 갑자기 물어보니 생각이 잘 안 나서 머리를 맞대고 급하게 표를 만들었다. "Y가 양키였지?" "O는 오스카" "N은 노벰버였나?" "아, T는 탱고다…" 급하게 필요한 단어를 생각해 불러주니 인사도 없이 통신을 끊는다.

'두테르테'가 뭐라고 했는지 조난 신호에도 대답 없던 필리핀 바다에서 해군이 짜증 날 정도로 수시로 불러 같은 질문을 계속 해댄다. 해군끼리도 정보 공유는 전혀 안 되는 듯하지만, 그나마 이제는 바다를 지키겠다는 의지가 있어 보여 안심이 된다. 해군이 우리를 부른다는 것은 AIS(선박 자동식별 장치)를 보고 있다는 증거이니, 그럴 일은 없겠지만 조난이나 해적으로부터 위험이 있으면 이젠 그들이 도와주지 않을까.

Silaqui Island 근처에 수심이 10m도 안 되는 라군이 펼쳐진다. 점심때도 됐으니 낚시해서 식사나 하고 가자고 해서 낚싯대를 드리우니 넣자마자 snapper 종류의 물고기와 grouper까지 막 나온다. 적당한 곳에 앵커를 내리고 싱싱한 회를 맛보다 보니 술 한잔 안 할 수가 없었다. 대만에서 선적한 35도짜리 죽엽 청주를 셋이서 500ml 한 병을 비우니 술이 올라 한잠 자고 갈 수밖에 없었다.

죽엽 청주 한 병의 재앙

비몽사몽 자는 중에 밖이 왁자지껄해서 나가보니 날은 이미 어둑해져 있었고, 요트는 앵커링했던 장소가 아닌 생소한 섬과 섬 사이에 들어와 있었다. 윤 선장도 자던 중에 앵커가 밀려 산호초에 배가 닿는 소리를 듣고 일어났는데, 자는 사람 깨우느니 혼자 안전한 섬과 섬 사이로 이동하는 게 낫겠다고 판단하고 섬 사이로 지나던 중 섬과 섬 사이에 하늘로 걸쳐진 전선을 못 봐서 전선이 우리 마스터에 걸려 끊어진 것이다. 4가구가 사는 섬에서는 정전이 되니 마을 사람에 구경꾼까지 난장판이었다. 술이 원수지 왜 안 마시던 술을 마셔서는….

수빅에 도착해서 한 번에 입국신고를 하려고 OPEN PORTS가 있는 산페르난도를 지나친 건데 혹시 문제가 되지 않을까 걱정이 돼서 얼른 피해자들과 흥정을 하는 중에 신고를 받은 경찰이 출동했다. 처음에는 대수롭지 않게 전선 수리만 해주면 문제 될 일 없다던 경찰이 수리 견적을 해야 하니 일단 파출소로 가자며 윤 선장의 동행을 요구한다.

잠시면 된다던 윤 선장은 밤이 지나도 소식이 없다. 애만 태우는데 오전이 지나 오후 3시경 경찰, 해경, 세관, 이민국에 마약 단속반까지 30여 명이나 되는 한 떼거리가 구둣발로 배에 오른다. 마약 탐지 조사까지 다 마치고 이제 끝인가 했더니 또 마약 탐지견이 와서 확인을 해야 한단다. 금방이라도 쓰러질 것 같은 작고 빼쩍 마른 탐지견이 온 구석을 휘젓고 다니는 순간 참고 참았던 내 화가 마침내 폭발해버렸다. 들고 있던 물병을 집어던지며 "지금 뭐 하는 거냐?" "신발은 당장 벗어라!" "나가라!" 소리를 질렀더니 그제야 머쓱해하며 가도 좋다고 한다. 결국 이 사고로 긴급 입항 처리비로 240불, 전선 수리비로 1,188불 바가지를 쓰고서야 사고 처리가 끝났다.

날은 이미 어두웠지만, 잠시도 머물고 싶지 않아 서둘러 출항했는데, 나오는 길

❶ 마약견 수색 ❷ 사고 견적서

이 들어갔던 항적을 따라 나오는 길이었지만 미로 같은 양식장이 깔려 있어 앞에서 플래시로 길을 찾아도 어디가 어딘지 분간이 안 돼 식은땀이 흘렀다. 다행히 동네 청년 한 명이 길잡이를 해줘서 무사히 섬 사이를 빠져나왔다.

수빅 요트마리나 도착

큰 대가를 치르고 밤새 달려 18시간 만에 안전한 수빅 요트클럽에 도착했다. 산페르난도에서는 입국수속을 했어도 돈만 챙기지 다시 수빅에서 입국수속을 해야 한다. 검역비 50불, 세관 검사 50불, 항만 사용료 50불 등 공식 가격 150불이다. 한국에서는 검역소 인지대 2만1,000원과 세관 수수료 1만 원이면 끝인데….

## 수빅에서 코론까지

수빅에서 윤 선장이 한국에 잠시 다니러 떠난 뒤 노 선배와 둘이 남아 클락도 다녀오고 맛집을 탐방하며 10일을 보냈다.

크리스마스는 아직 한 달이나 남았는데 거리마다 크리스마스 준비가 벌써 끝난 수빅마리나에 1차 항해 때 동행했던 김동오 크루가 합류하고 윤 선장도 도착해서 다시 코론을 향해 항해를 떠났다.

수빅 요트클럽은 계류비가 비싸다. 하루에 12만 원 정도인데, 예전에 한 달 머문 계류비와 이번에 10일 머문 계류비가 비슷하다. 식재료를 보충하고 마지

❶ 때이른 크리스마스 트리 ❷ 김동오 크루 합류 ❸ 때 빼고 광 내고 ❹ 출항 전 주유

막으로 연료를 400리터 더 채웠다.

밤을 새워 항해해 22시간 만에 환상적인 아포리프에 도착했다. 딩기를 내려 관리사무소에 입장료를 내는데, 스쿠버다이빙까지 하려면 비용이 턱없이 비싸고 스킨다이빙만으로도 시야가 좋아 충분히 즐길 수 있을 것 같아 입장료로만 6만 원 정도 지불했다. 요트에 공기탱크를 4개 가지고 다니는데 이곳에선 충전을 할 수 없으니 한 사람이 한 탱크씩 하기에는 비용이 너무 아까웠다.

요트에 공기충전 컴프레셔를 설치하자고 몇 번을 형에게 졸랐지만 필요할 때만 다이빙을 하는 형에게는 통하질 않는다.

❶ 아포리프 정박 ❷ 스킨으로도 볼 수 있는 곰치

　　슬슬 떠나자고 딩기를 올리던 중 쓰고 있던 안경을 물에 떨어뜨렸다. 아래쪽에 윤 선장이 있었기 때문에 건질 수 있을 줄 알았는데 빛이 반사되는 바람에 보이질 않아 윤 선장도 손을 쓸 수가 없었다. 급하게 수경을 끼고 내려가봤지만 수심이 너무 깊어 바닥에 닿을 수가 없었다. 환갑 선물로 딸아이가 해준 안경을 포기하기 아까워서 스쿠버 장비를 착용하고 내려가봤지만 30분간 수색을 해봐도 찾지를 못했다. 그간 수색해서 못 찾은 물건이 없었는데 정작 중요한 안경은 못 찾고 아포를 떠나게 되었다.

❶ 500페소짜리 가다랑어 ❷ 코론시티 정박

　　필리핀 바다에는 고기가 없다. 없는 게 아니고 현지 어부 채비에는 잡혀도 트롤에는 잘 안 나온다. 항해를 하다 보면 현지 어부들이 요트에 다가와 잡은 고기를 팔기도 하는데, 때마침 횟감도 떨어져 갓 잡은 대형 가다랑어를 두고 500페소에 흥정을 했다. 페트병에 돈을 담아 던져주고 비닐에 고기를 담아 던져 받는 물물교환을 했다. 간만에 회를 떠서 푸짐하게 포식을 했다.

　　형과 만나기로 약속한 코론섬 앞바다에 앵커를 내린다.

마닐라–코론 국내선 항공기

# 팔라완섬 종주

☆

　내가 일본과 태국에 일이 있어 그곳에서 시간을 보내는 동안 동생과 윤 선장 그리고 노 박사 셋이서 벗삼아호를 달려 화렌에서 팔라완 코론까지 긴 항해를 무사히 마쳤다.

　'무사히'라는 말은 사람이 다치지 않고 배도 크게 상하지 않고 목적했던 항구까지 왔다는 의미지만, 사실 작은 사건이 하나 있었다. 필리핀 루손섬에서 하룻밤 묘박을 위해 파도와 바람이 없는 곳을 찾아 들어가다, 저녁 어스름에 시야가 안 좋아 뱃길을 가로지르는 가공 전력선을 못 보고 돛대로 끊어버린 사건이 발생한 것. 세 사람은 만 24시간 동안 억류되어 고초를 겪었고, 벌금 150만 원을 물고 나서 풀려났다.

　필리핀은 법보다 주먹이, 주먹보다 권총이 지배하는 사회라 큰일 날 뻔했는데, 그래도 그만하길 다행이었다. 우리가 항해를 끝내고 코

❶ 벗삼아호에 모든 크루 합류  ❷ 코론 시장에서 마지막 장보기

타항에 입항 후 모두들 한국으로 돌아간 어느 날 스쿠버에게 바닥
청소를 시켰는데 킬과 러더의 좌초에 의한 손상이 있다고 보라고 하
여 물에 들어가 확인했다. 큰 손상은 아니어도 한 번은 상가하여 보
수를 할 필요가 있었다. 물어보지 않아도 무슨 일이 있었는지 알 것
같았다.

　내가 코론 시내 앞바다에 정박 중인 배에 다시 올라 합류했을 때 1

카얀간호수의 수영          코럴가든에서의 점심 식사

차 항해를 같이했던 동오 동생이 수빅에서 벗삼아호에 합류해 나를 기다리고 있었다. 김 사장은 광주에서 사업을 열심히 하는 친구다. 평생 검도를 해왔기 때문에 몸도 마음도 잘 단련되어 있고 스쿠버를 비롯해 만능 스포츠맨이다. 내가 각별히 아끼는 동생이다.

동생과 나는 지난번 항차 때 이곳에 와서 구경도 하고 즐겼기 때문에 잘 알지만 나머지 세 사람은 초행길이라 여행사의 방카선을 빌려 유명 관광지를 하루 만에 모두 구경했다. 가는 곳마다 유럽, 중국, 한국인 관광객들이 붐비고 그 사람들과 더불어 생활하는 수많은 필리핀 사람들의 조화가 재미있다.

카얀간호수

엘니도 앞바다. 멀리 정박 중인 벗삼아호가 보인다.

이틀 후 다음 목적지를 엘니도로 정하고 돛을 올렸다. 햇살은 투명하고 강렬했다. 바람은 시원하게 12~15노트로 들어오고 바다는 너울이 없어 편했다. 주변 섬들을 이리 꾸불 저리 꾸불 돌아 조금 트인 곳으로 나가니 보이는 산봉우리들이 모두 예사롭지 않다. 높은 것은 3,000m급, 대부분 나지막하게 바라보여도 지도상으로는 1,000m가 넘는 봉우리들이 즐비하다. 이렇게 축복받은 땅덩어리에서 왜 사람들은 가난하게 사는지?

엘니도는 요즘 뜨는 관광지다. 복잡한 골목들로 얽혀 있는, 도심지라야 2층 건물이 고작인데 호텔, 음식점, 마사지 숍, 기념품 가게 등 수많은 상점들로 뒤엉켜 사람 사는 냄새가 난다. 탁 트인 앞바다에는 수많은 방카선들이 늘어서서 들고 나며, 맑은 바다색은 살아 있고 비릿한 바다 내음까지도 친숙한 곳이다.

이곳의 관광 코스는 4개가 있는데, 하루 만에 모두 보고 가는 것을 방지하기 위해 1일 2코스만 볼 수 있게 했다. 우리도 라군 두 개를 골라 보고 다음 날 스쿠버를 하러 갔는데 빅라군이 인상적이었다. 마치 중국 무협지에 나오는 비경이랄까? 바다에서 조금만 헤엄쳐 들어가면 개울 같은 얕은 수로가 나타나고, 무릎 정도 차는 물길을 차박차박 200m쯤 걸어가면 절벽으로 둘러싸인 연못 같은 호수가 나타난다. 정말 절묘하다.

다음 날 모두들 스쿠버다이빙을 나가고 나만 배에서 뒹굴다가 점심때가 되어 텐더보트를 타고 엘니도 시내에 들어가기 위해 시동을 걸었다. 그런데 아무리 줄을 당겨도 시동이 안 걸린다. 더운데 땀은 온몸을 적시고 시내 쪽을 쳐다보니 엔진 없이 가는 것은 불가능할

❶ 엘니도 진입 전 ❷ 엘니도 도착 기념 한 잔! ❸ 엘니도 관광

엘니도 다이빙 4총사

것 같았다.

이놈의 닛산 포스트록 엔진, 참 속도 많이 썩인다. 모두들 투스트록 엔진을 권했지만 연비가 좋다고 이놈으로 샀는데 항상 시동이 원활하지 않다. 찬찬히 스파크 플러그를 빼서 고운 사포로 접점을 갈아내고 실린더 입구를 휴지로 막고 시동 줄을 당기면서 막은 부분을 열어주며 과주유된 휘발유를 뿜어내고 닦았다. 다시 플러그를 꽂고 심기일전 줄을 당기기를 여러 차례, 정말 막말로 혓바닥이 다 나오고 입에서 단내가 난다. 포기다.

에라, 한번 노를 저어서 가보자. 일단 배에 올라 노를 저어보니 이건 끝없는 파도와의 사투다. 마침 썰물이어서 물은 바다 쪽으로 빠지는데 나는 그 조류를 거슬러 해안 쪽으로 가려니 땀이 눈에 들어가 따갑고 아무리 노를 저어도 거리가 줄지 않는다. 한 30분 정도 걸려

해안에 도착했다. 방카선 정박 자리에 배를 묶어놓고 시내로 들어선다. 에어컨 있는 카페로 들어가서 아이스 아메리카노를 시켜 한 모금 마셨다. 정신이 번쩍 난다. 조금 전 그 힘든 노 젓기를 이렇게 달콤하게 보상받는 거다.

식당을 찾아 볶음밥을 한 그릇 시켜 먹고 기념품 가게를 들러보니 하얀 실로 짠 예쁜 드림캐처가 눈에 띈다. 코타의 우리 집 2층 방 한 구석에 걸어놓을 적당한 크기다. 6만 원을 주고 구입했다.

배부르고 시원하니 피곤이 몰려온다. 바다가 내려다보이는 마사지 팔레에 올라가 한 시간짜리 마사지를 받기 시작했다. 엎드려 바다를 보니 에메랄드빛 바다가 반짝이고 저 멀리 내 배가 하얗게 빛난다. 아직 해는 중천에 떠 있다. 마사지를 받다가 코를 골고 자니 마사지사가 나가버렸는지, 눈을 뜨니 4시가 다 되었다.

아직도 햇살은 강렬하게 창가를 때린다. 배를 묶어놓았던 곳으로

마을 나가기

나오다 보니 조그만 꼬맹이 둘이서 방카선으로 물통을 나르고 있다. 기왕 본 김에 우리 배 급수 탱크나 채우겠다고 생각하고 가격을 물어보니 20리터 물통 하나에 우리 돈 500원쯤 된다. 400리터라고 해야 1만 원이다. "물은 어디서 길어 오니?" 하고 물어보자 나를 안내하는데 바로 옆 골목에 질척거리는 조그만 우물이 있다. 상황을 보니 위생상 이 물을 먹을 수는 없을 것 같고 샤워는 가능하겠다.

꼬맹이들과 흥정하여 우선 10통을 시켰다. 남자애는 12~13세 정도, 여자애는 10세도 안 되어 보이는데 벌써 돈벌이를 하는 것이 안쓰러웠다. 물통도 대부분 조금씩 윗부분이 손상된 것을 들려서 생업 전선으로 내보낸 부모들은 어떤 인간들인지? 이런 글을 쓰는 것이 내키질 않지만 교민들 이야기가 귀에 쟁쟁하다. 상류층은 천사들이고 하류층은 가축들이라고.

아무튼 그날 저녁 그 어린것들은 물을 실어 나르고 우리에게 팁까지 받아갔다.

그즈음 우리는 제주삼다수를 식수와 요리에 쓰고 허드렛물은 엔진을 가동할 때 조수기로 돌려서 물탱크를 채우고 사용했다. 국내의 다른 배들에 비하면 배에서 물 쓰는 것에 제약이 없는 유일한 요트가 우리 배 아닌가 싶다.

항해 중 바둑 한 수

다음 날 70마일 떨어진 지하강이라는 팔라완 명소를 방문하기 위하여 출항했다. 항해는 식은 죽 먹기다. 범주하면서 발전기를 가동하여 에어컨을 돌리니 시원하고 편안했다. 바람 좋을 땐 모두 브리지에 올라 주변의 산세에 대해 이야기도 나누고 바둑도 두고 커피도 내려 마셨다. 동생과 크루 멤버들 덕에 매 끼니 맛있는 요리도 대접받고, 그야말로 크루징의 참맛을 만끽하는 항해였다. 무엇보다 바다가 잔잔하여 배가 요동이 없어 좋았다.

오후 4시경 도착하여 상황을 보니 사방비치 쪽은 폰툰이 없어 적당한 곳에 앵커링이 필요한데 항구 쪽으로 바람이 제법 불고 너울이 밀려 들어와서 머물 수가 없었다. 나는 일행에게 지하강 일정을 포기

울릉간베이 묘박지

하고 차라리 더 남쪽으로 내려가 적당한 장소에 정박한 후, 육로로 푸에르토프린세사로 가서 출국신고를 하고 바로 코타키나발루로 가자고 제안했다. 해도를 검토하여 그곳에서 20마일 떨어진 울릉간베이라고 하는 외지고 만곡진 좋은 정박 장소를 찾았다.

난바다에서 한참 들어와 왼쪽으로 만곡진 바람 없고 파도 없는 바닥이 펄로 된 아주 조용하고 경치 좋은 곳이다. 수심도 4~5m가량된다. 물론 펄밭이라 물이 좀 탁하긴 했다. 바로 텐더보트를 내려 근처 마을을 정찰하러 갔다. 우리 배와 500m 이격하여 조그만 마을이 있었는데 20~30가구쯤 살까? 그래도 농구 골대까지 구비되어 있다.

다른 집들보다는 조금 더 커 보이는 집에 들어가 자초지종을 말하고 내일 아침 우리가 푸에르토프린세사까지 나갔다 올 차편을 부탁했다. 상당히 비싸게 달란다. 옵션은 없다. 아침 7시에 차를 준비해달라고 하고 덧붙여 우리 배로 닭볶음 요리를 해서 가져다줄 수 있느

울릉간베이 마을 전경

냐고 물었더니 우리 돈 2만 원 정도를 달란다.

배로 돌아와 저녁 준비를 하는 동안 나는 스노클링 장비를 갖추고 배에서 100m쯤 떨어진 바다 위 원두막을 향해 헤엄쳐갔다. 우리가 차량과 요리를 부탁한 그 집 아들과 또 동네 젊은이 두 명까지 셋이서 원두막을 지키고 있었다. 다가가서 보니 큰 살림망 두 개가 물속에 늘어져 있는데 한 곳에는 40~50cm급 붉은 수박 문양의 빨간 다금바리들이, 그 옆 살림망에는 일상에서 보는 평범한 그루퍼 다금바리들이 우글거리고 있었다.

그 원두막은 잡은 고기들을 보관하는 장소고, 그것을 지키기 위해 젊은 친구들이 망을 보는 중이었다. 나는 횟감으로 두 마리만 사자고 했다. 빨간 다금바리는 마리당 10만 원을 달란다. 내심 1만 원쯤 달라지 않을까 생각했는데 이건 좀 심하다. 그럼 옆에 이놈들은? 그놈은 한 마리에 5만 원을 달란다. 기가 막혔다. 제주도 횟집에 가도 여

301

현지 배달 닭볶음에 한 잔

기보다는 싸겠다. 아니, 지구상 오지 중 오지인 팔라완섬 외진 바다 골짜기에서 고기 한 마리에 10만 원이라! 그냥 배로 돌아왔다.

저녁밥을 차려서 막 먹기 시작했는데 닭볶음 요리가 배달되었다. 그런데 살점을 세어보니 몇 조각 안 된다. 거기에 어찌나 질긴지 씹어서 삼키기도 어렵다. 우리는 허허 하고 그냥 웃었다. 병아리네. 하긴 요리를 만들어 바다 한가운데 있는 배로 배달을 왔으니까.

다음 날 아침 7시, 마을로 가서 대절한 버스를 기다리는데 소식이 없다. 조금 기다려보라기에 그 집에서 쉬고 있는데 아들이 노트를 들고 와서 보여주며, 어제 저녁 그 활어의 가격은 바가지를 씌우려는 것이 아니라 사실이란다. 중국 어선이 불규칙하게 이곳까지 들어와 고기들을 산 채로 사 가는데 미국 돈으로 마리당 80달러를 준다. 노트를 보니 정말 빼곡하게 수기가 되어 있다. 그렇게 사들인 고기를

교통편 흥정

마닐라를 통해 베이징으로 공수를 한단다.

그러고 보니 예전에 들은 이야기가 생각났다. 중국인들이 붉은색을 좋아하는 것은 알려진 사실이고, 이 고기가 붉은색 중에서도 약간 황금색이 도는데 베이징 외교가와 정가 사람들이 이 고기를 특히 즐겨 찾아 엄청 비싸게 팔린다는 이야기다.

잡기도 어려워서 조그마한 새우나 물고기 형태의 깃털로 만든 미노우를 사용해 산호초 지대에서 낚시로 잡는데, 일주일에 한 마리도 못 잡을 때가 많단다. 그렇게 잡은 고기인지라 귀하디귀해서 동네 사람들이 그곳 원두막에 보관하고 매일 지키며 중국 상인이 오기를 기다린다는 이야기.

대단했다. 지구촌 어디에도 이젠 세상과 연결이 안 된 참다운 오지가 없다는 사실 말이다.

귀한 다금바리 보관용 수상 초소

# 끝나지 않은 항해

푸에르토프린세사는 팔라완주의 주도(主都)로, 스페인어로 '공주의 항구'라는 뜻이다. 인구는 25만 명 정도. 인터넷으로 검색해보면 이 도시와 관련하여 한 장의 해도가 뜬다. 4만 분의 1짜리 푸에르토프린세사 항구의 1871년 해도인데 그 세세함이 놀랍다. 1850년 영국인 측량 기술자가 만들고, 마지막 재판 인쇄를 한 곳은 1905년의 미국 워싱턴이다. 참, 필리핀은 놀랍고도 모를 나라다. 하긴 우리도 지금 대부분의 산 지도는 일제강점기 때 만든 지도가 기본이지만 말이다.

미니버스를 타고 출입국관리소부터 들러 도장을 받고, 세관에 들러 신고하고, 마지막 출발항에서 발급하는 'port clearance report'를 한 장 받았다. 이 서류가 있어야 다음 항구에 입항할 수 있다. 출입국관리소는 백화점처럼 생긴 쇼핑몰 2층에 있었다. 일이 끝난 후 어디 갈 곳도 없이 그곳에서 쇼핑하고 햄버거 먹고 일사천리로 일을 마쳤다. 날도 더운데다 사실 돌아다닐 만한 곳도 별로 없는 도시였

출국수속 가는 길

다. 버스에서 졸다 보니 우리가 출발했던 울릉간베이 바닷가에 도착
했다.

　버스를 보내고 우리를 배로 데려다줄 방카선을 기다리는데 어깨
가 떡 벌어지고 체격이 당당한 젊은 친구가 말을 건다. 필리핀 해병
출신이라는데 눈빛이 정말 불량해 보였다. 살아오면서 이런 눈빛을
한 번은 본 듯한데 어디서였는지 기억은 없다. 붉게 충혈되고 남을
꿰뚫어보는 듯한 눈빛이지만 그렇다고 술이나 마약에 취한 것 같지
는 않다. 시시콜콜 이것저것 묻는데 성의 없이 대답해주었다. 하긴 그
친구도 우리 일행을 보면 다섯 명이 다 범상치 않아 보였을 것이다.

　모두들 그 친구가 해적과 연관이 있을지도 모르겠다고 했다.

　나도 'noonsite'라는 항해자들의 인터넷 사이트에서 읽었던 내
용이 생각났다. 민다나오섬 반군들이 요트를 납치할 때, 누군가 먼저

행해 중 무지개

그 배에 타고 있는 크루 멤버를 떠보고 난 후 민다나오섬 반군 지도부에 보고를 하면 납치할지 여부를 판단하는 데 24시간이 걸린다는 이야기다. 믿을 수 없는 이야기지만 어쨌든 요트들이 이쪽에서 여러 대 납치되고 사망자도 여럿 나왔으니 조심하는 것이 상책이다.

방카선을 우리 요트에 붙여 셋은 내리고 동생과 윤 선장 둘이서 그 배로 마을까지 가서 지불해야 할 돈을 모두 정산하고 왔다.

우리는 저녁 식사를 하고 출항 준비를 한 상태에서 한숨 자고 밤 12시 정각에 일어나 시동을 걸고 앵커를 올렸다. 남이 보지 않을 시

❶ 코타키나발루와 근해 해상 유전 ❷ 수트라하버 도착

간에 아예 먼저 출발하면 혹시 우리를 납치하기로 결정한 애들이 있더라도 아침이 되었을 때 우리가 어디 있는지 알겠는가? AIS도 꺼버렸다. 그리고 난바다로 나왔을 때 100km 정도 직서진하기로 결정하고 육지와 멀어졌다. 아침이 밝고 배를 남쪽으로 돌렸을 때 우리는 이미 육지와 상당히 떨어져 있어 해적의 위험에서는 벗어났다.

이제 남은 거리는 300해리 정도, 40시간 항해 거리다. 바람은 불었다 안 불었다, 평균 6시간마다 한 번꼴로 변한다. 돛으로만 가기에는 속도가 성이 차지 않아서 7.5노트 이상 속도가 나도록 배를 몰았다. 코타키나발루 친구들과 수트라하버마리나 관계자들에게는 12월 6일 저녁때 마리나에 도착하는 것으로 미리 이야기를 해놓았다. 일기도를 보니 우리가 도착하기 전 오후 늦게 한 차례 스콜은 내리지만 비교적 평온한 날씨였다. 문제는 기름이었다. 엘니도에서 한 번 넣고 올 것을 그냥 왔던 게 화근이다. 실제 연료 게이지가 3분의 1 이하여서 다소 걱정은 되었다. 뭐, 기름이 떨어지면 바람이 있으니까.

하지만 경유를 아끼기 위해 발전기를 가동하지 않기로 하고 항해하니 낮에 더워도 에어컨을 켤 수 없다. 습기가 많이 올라오면 덥고 눅눅하다. 바람이 불어도 더운 바람이다. 샤워를 해도 그때뿐이다. 배에서의 항해 중 금주령은 아직 유효하다. 다른 친구들은 맥주라도 한잔 하고 싶겠지만 어림없는 소리. 술은 긴장을 풀고, 긴장이 풀리면 사고로 이어질 수 있다. 바다에서는 사소한 사고도 큰 비극으로 이어질 수 있다. 모두들 이때 조금 힘이 들었을 것이다.

나중 이야기지만, 수트라하버마리나에서 다시 기름 탱크를 채웠을 때 유량계 눈금과 다르게 경유는 양쪽 모두 3분의 1 이상 남아 있었다. 그런 사실을 모르고 더위에 고생을 했다는 것이 허탈할 뿐.

막 어두워지기 시작할 때쯤 가야섬이 보이고 이어서 수트라하버마리나의 등대가 보였다. 우리 연락을 받고 마리나 직원들이 나와서 선석으로 안내했고, 교민 몇 분도 미리 나와 우리의 도착을 환영해주었다. 모두들 34일간의 장거리 항해가 성공한 것을 축하해주었다. 자

벗삼아호 코타키나발루 도착 기념 촬영

리를 옮겨 그곳 교민 조한진 님의 한식당에서 맥주와 함께 늦은 저녁을 먹었다.

　다음 날 아침 교민들을 초대하여 코타키나발루에서 첫 유람 투어를 했다. 앞바다로 나가니 구름에 일부가 드러난 키나발루산이 보였다. 마누칸섬을 한 바퀴 돌아 들어왔다. 그분들 중 어떤 분은 우리가 이렇게 오랫동안 난바다를 항해하고 다니는 것이 이상하다고 했다. 어떤 분은 이런 생활이 부럽다고 했다. 글쎄? 나는 어쩌다 요트를 알게 되어 이런 취미를 가지게 되었는지, 그건 그냥 운명 같다.

　일행은 오랫동안 비워둔 국내 일정에 마음이 바빠서 그날 저녁 비행기 편으로 귀국했고, 나와 동생만 남아 이것저것 항해의 끝마무리를 했다.

　벗삼아호는 이곳에서 오랫동안 체류할 것이다. 이곳은 태풍도 없고 겨울도 없다. 나가면 아름다운 남국의 에메랄드빛 바다다. 또 수 트라하버마리나의 풍광은 동남아에서는 최고다.

몇 달 후 나는 안쪽의 F16 핑거에 선석이 나서 그곳으로 배를 옮겼다. 옆에는 남아프리카공화국에서 온 할머니가 배를 집 삼아 살고, 왼쪽에는 홍콩사람 톰 헝 씨가 그의 스칸디나비아식 trawler선을 홍콩에서 가지고 와서 세워놓고 가끔 머문다.

새들은 철 따라 내 돛대 안쪽에 둥지를 틀고 새끼를 키우며 역시 희디흰 갑판을 더럽히고, 조개들은 뱃바닥에 달라붙어 한 달 정도 청소를 안 하면 항해가 불가능하게 만든다.

나도 아직 이곳저곳 벌인 일들이 많아 코타에서 나를 기다리는 벗 삼아호에 자주 오르지 못하지만 언제나 내 마음은 배와 함께 있다.

아침에 차를 몰고 마리나 주차장에 들어서면 경비가 반갑게 인사를 한다. 마리나가 내려다보이는 클럽에서 프렌치토스트와 구수한 테넘 커피를 한 잔 시켜놓고 바다를 보면 아침 햇살에 배들은 모두 반짝이며 돛대를 세우고, 중국과 한국에서 온 관광객들은 이른 아침부터 호핑 투어를 나가느라 정신이 없다. 그래도 한국인들은 내 배 옆을 지나가다 커다란 태극기가 펄럭이는 것을 보면 아주 기뻐한다.

나는 가끔 계류 줄을 풀고 홀로 바다로 나간다. 주돛을 올려본 지가 언제인지 까마득하다. 올릴 이유도 없다. 가끔 말레이시아 친구들이 탔을 때 사진을 찍으라고 앞돛은 펼쳐준다. 아니면 엔진으로 유유히 앞섬을 두어 바퀴 돌고 들어온다. 가슴이 시원해진다.

이렇게 바다 위 항해는 끝났다. 하지만 내일을 향한 우리 인생 항로는 그 어디론가로 열려 있다.

미래는 설레지만 또한 두렵다.

언제 어디서 나의 항해가 끝날지는 모르지만 그곳을 향해 나는 양손에 쥔 정직과 성실로 또다시 프로펠러를 돌리고 큰 돛을 펼쳐 아름다운 이 세상을 힘차게 항해할 것이다.

부록 1

아직 젊은
그대들에게

·

부록 2

벗삼아호
항해 자료

| 부록 1 |

## 아직 젊은 그대들에게

인생을 살다 보면 정말 막막할 때가 있다.

필요한 것이 돈일 수도 있고, 시간일 수도 있고, 사람일 수도 있고, 혹은 난감한 경우지만 내가 예전에 잘못한 것이 드러나 지탄을 받거나 그야말로 감옥에 갈 처지가 될 경우도 있을 것이다.

그럴 때 내 경우, 물론 내가 역사에 남을 존경받을 현자는 아니지만, 가장 강력한 무기가 딱 두 가지 있었다. 그리고 그 두 가지 무기로 역경을 헤쳐 나갔는데 단 한 번도 실패한 적이 없었다. 그건 정직과 성실이었다.

수많은 인재들이 경쟁하는 현대 사회에서 성공의 사다리를 타고 올라가다 보면 자칫 미끄러질 때도 있고, 천길만길 낭떠러지로 떨어져서 다시 처음부터 올라가야 할 경우도 있다. 어떤 경우든 이 두 가지는 남이 빼앗아가거나 잃어버릴 일이 없는 내 명치끝에 숨겨져 있는 대단한 무기다. 나는 이 두 가지를 믿고 인생을 살아왔다. 세상일이 호락호락하지 않아 힘겨워도 언제나 내 자신감은 이것에서 나왔다.

언젠가, 우리 회사에서 만들어 납품한 제품에서 하자가 발생했다. 상황은 심각했다. 공급된 제품이 공사 현장 땅속에 묻혀 있고 그걸 꺼내어 보수를 하려면 큰 자금과 오랜 시간이 필요한 상황인데 추가 납품은 끊겨 회사가 부도가 날 수도 있는 절체절명의 순간이 온 것이다.

그걸 한 방에 해결하는 방법은 무엇일까?

다르긴 하지만 요즘 사회적으로 큰 충격을 주었던 사안을 두고 생각해보자. 박원순 서울시장이 갑자기 목숨을 끊었다. 자기가 그동안 이루어왔던 그 화려한 모든 명성과 개인적인 성취가 하루아침에 파렴치하고 추접스러운 성범죄자로 변하는 순간이 온 것이다. 추후 법정에서 벌어질 지루한 재판과 치욕스러움은 그로서는 도저히 견딜 수가 없는 굴욕일 것이다.

과연 목숨을 끊는 것만이 최선이었을까? 무엇이 잘못되었을까? 가장 근본적인 문제점은 부정직함이다. 자기가 잘못한 것을 인정하고 죗값을 받으면 될 사안이다. 부끄러워서 가리고 싶어도 가릴 수 없는 상황에서 용기 있게 과오를 솔직하게 털어놓고 죄를 달게 받겠다고 하면, 처음에는 모두 손가락질을 해도 나중에는 그의 용기에 숙연해질 수 있는 것이 사람 사는 이치다. 우선 상대방 여자에게 충심으로 사죄했어야 한다. 그동안 자기가 괴롭힘을 주었는데 그렇게 가버리면 그 여자는 어떻게 하는가? 사실 그런 일이 있었을 때 진정 뉘우치고 인간적으로 처신했으면 고소도 당하지 않았을 것이다. 죽으면 모든 것이 덮어질 줄 알아도 세상은 그렇지 않다. 죽어서도 그의 이름은 이곳저곳 끌려다니며 결국 망가지고 죗값을 치를 것이다. 범부도 아니고 천만 시민의 수장이 가진 옹졸함이 안타깝다.

다시 위의 내 문제로 돌아가서, 그때를 돌이켜보면 막막한 상태에서 내가 믿을 건 단 하나, 정직을 최우선으로 이 문제를 풀어가기로 작정하고 이를 악물었다. 우선 하자의 원인이 우리에게 있음을 인지하고 그걸 만회하기 위하여 얄팍하고 구차스러운 변명보다 모든 것을 인정하고 감내하기로 했다.

관련 발주처와 현장에 우리 제품에 중대한 하자가 발생했음을 알리고, 피해를 최소화하기 위해 하자 보수팀을 만들고 직접 찾아다니며, 아직 시공되지 않은 것부터 자금과 시간을 아끼지 않고 보수 작업을 진행하고 충심에서 사죄하고 재발 방지를 약속했다. 처음에는 비난 일색이던 발주처도 우리가 최선을 다하는 모습을 보더니 조금씩 우호적으로 돌아서서, 자기들도 하자 보수 작업을 도와주고 오히려 우리를 위로하며 손해를 최소화하도록 힘써주었다.

결국 하자 발생 초기 암울했던 그 상황은 반년 후 전화위복이 되어 완전히 반전되어, 책임지는 회사의 이미지만 시장에 심어주는 좋은 결과가 나왔다. 물론 금전적인 손해는 발생했지만 그건 내 몫이니 즐겁게 감내했다.

불과 몇 년 후, 공장 품질관리팀의 크나큰 실수로 다시 한 번 군산 바닷가를 따라 공단으로 가는 국내 최초의 첨단 스팀 배관망에 큰 용접 하자가 발생했다. 수백억 원의 공사가 모두 불량 자재 때문에 일어난 문제처럼 덤터기를 쓰게 되었을 때, 내 인생도 끝날 뻔했다. 모든 잘못이 사람을 제대로 쓰지 못한 나에게 있었다. 그동안 고생했던 직원들에게 책임을 돌려서 될 일이 아니었다. 정직함 하나로 이 문제도 풀어보겠다고 나 자신을 낮출 수밖에 없었다.

우여곡절 끝에 우리 책임보다는 토목을 담당했던 국내 굴지의 대기업 책임이 더 크다는 사실을 우리의 기술 제휴선인 독일 친구들이 밝혀내어 파멸까지 가는 참사는 면했다. 그러나 공장을 제대로 관리하지 못해 그렇게 멋진 기술적 우위에서 수주하고 시공된 프로젝트를 아름답게 끝내지 못한 것은, 내가 인생을 살아오면서 범한 가장 큰 오점으로 남았다. 지금도 그 생각을 하면 후회스럽고 피눈물이 난다.

절체절명의 순간 끝없는 파멸의 구렁텅이에서 정직이라는 무기로 기사회생한 수많은 사례가 있다.

이 세상은 근본이 약육강식의 토대 위에 성립되어 있다. 공생이라고 그럴듯한 단어로 미화하지만 태양에너지가 주는 생명의 빛을 먹고 존재하는 모든 살아 있는 것들이 서로 먹고 먹힌다. 우리가 먹는 채소나 과일도 물고기도 정육도 모두 살아 있던 다른 생명체이다.

사람들 사이에서도 뺏고 빼앗기고, 유한한 자원을 놓고 치열하게 경쟁한다. 지면 도태된다. 그 와중에 정직이 무슨 소용이 있겠는가 하고 반문하겠지만, 그것이 우리네 처세술 중 유일하게 자기 자신을 남에게 낮춰 보여 적을 친구로 변하게 만드는 마력이 있는 제1책이며 가장 큰 덕목 중 하나여서, 그 효과가 탁월함은 써보면 알 것이다.

품 안에 넣고 어려울 때 반드시 꺼내서 써보기를 권한다.

나는 젊었을 때 무역 업무에 종사한 적이 있어서 '신용장 통일규칙'이나 P/L, B/L 같은 상업 용어에는 익숙했어도 외국인과 영어로 대화한다는 건 꿈에서도 생각을 못 할 만큼 회화 실력은 형편없었다. 단지 영어 단어 외우는 것에 재미를 붙여 군 생활을 하면서 대략 1만 단어 정도는 암기하고 제대를 했다. 그것이 아니었다면 3년이라는 시간을 공으로 낭비한 꼴이니 많이 억울했을 것이다.

1978년 8월 요르단의 한 건설사에 외자 담당으로 파견 근무를 시작하면서 나는 내 인생의 가장 큰 역동적 변화에 직면하게 되었다. 원래는 수도 암만에서 외자재 수입 업무를 봐야 하는데 내가 도착하고 이틀쯤 지났을 때, 그곳 지점장님이 미안한 이야기를 좀 해야겠다고 나를 불렀다. 그때 우리 회사는 이스라엘과 요르단 국경이 연한 사해에서 건설 프로젝트를 수행 중이었는데, 그곳 영문 행정을 보는 분이 간염으로 황달이 심해져서 귀국을 하게 되었다며 일단 후임이 올 때까지 임시로 영문 행정을 봐줘야겠다며 오지에서 6개월 정도는 현장근무를 할 각오로 내려가라고 했다.

당시 나는 직급도 제일 낮고 나이도 어렸기에 선택권이 없었다. 그렇지만 호기심과 모험심이 대단한 때여서 차라리 잘되었다고 생각하고 현장으로 내려갔다. 지금은 고인이 되었지만, 현장소장님의 차를 타고 산 넘고 물 건너 5시간쯤 걸려 도착한 곳은 '뉴메이라팬'이라는 영국인 감독관들의 숙소로 지은 캠프였다. 오렌지와 파인애플 주스를 아무 때나 공짜로 내려 먹는다는 것이 신기하고, 식사 때 그

비싼 쇠고기가 무제한으로 공급되는 것이 별천지 같았다.

　그때 내근직은 에어컨 시설이 잘된 이곳 캠프에서 비교적 귀족처럼 지냈고, 기능직 사원들은 우리가 공사할 지역 근처 임시 숙소에서 열악하게 생활하며 근무 중이었다. 몸이 아파 귀국을 하는 김 대리님은 신학대학을 나온 카투사 출신으로, 미군들과 오랫동안 생활해서 영어가 유창했다. 나보고 영어를 잘하느냐고 물었다. 나는 사실대로 잘 못한다고 말씀드렸다. 일단 급하니 먼저 영국 감독관들을 소개해주겠다고 감독관 사무실로 가자고 한다. 그곳에서 인사를 하고 30분 정도 업무 이야기를 나누는데 나는 꿀 먹은 벙어리였다.

　사실 내 소개도 제대로 못 했을 것이다.

　다시 사무실로 돌아오고, 김 대리님이 나한테 무슨 이야기를 나눴는지 대충 알아들었냐고 물어본다. 나는 한마디도 알아들을 수 없었다고 사실대로 말씀드렸다. 표정이 어둡게 변하더니 영어로 된 공문을 한 장 주며 번역해보란다. 생소한 단어가 많아 사전을 찾아가며 번역을 해서 보여드렸다. 사실 내가 번역은 했어도 나 자신도 그게 무슨 말인지 모를 이야기여서 얼굴이 화끈거렸다. "큰일이네" 하시더니, 어쨌든 후임이 올 때까지 잘 버티라고 하고는 훌쩍 귀국해버렸다. 눈앞이 깜깜했다.

　일단 현장소장님이 통역을 포함한 모든 업무를 볼 수밖에 없었고 나는 시키는 것만 하면서 먼저 분위기를 익혔다. 다행스러운 건 그때가 프로젝트 초기여서 업무가 그렇게 많지는 않았다는 점이다. 내가 현장에 도착하고 두 달쯤 지나자 임시 가설 숙소가 지어져서 그쪽으로 숙소를 옮겼다. 지옥 같았다. 그곳은 1년 내내 비가 거의 오지 않는 지역이라 합판으로 벽과 지붕을 씌우고 군대 내무반 같은 침상을 만들어놓고 직원들 30여 명이 모두 같이 잤다. 우리만 그런 것이 아니고 기능직 사원 200~300여 명도 비슷한 합숙소를 지어 사용했다.

낮에는 40도가 넘는 온도에 헐떡거렸는데 밤에도 그 열기가 식지 않아 모두들 투덜거렸다. 게다가 모기는 또 어찌나 많던지. 그런데 이상한 것은, 나는 하나도 힘들지 않았다는 사실이다. 모든 것이 신기하고 당면한 업무가 태산 같았으니까. 제대로 된 1인 1실 숙소가 완공되어 프라이버시가 일부라도 보장된 생활을 하게 된 것은 반년 정도 후의 일이었다.

나는 각 부서에서 감독관청에 보낼 공문을 영작해서 보내고 회신을 받아 번역하여 관련 부서로 돌려주는 일을 맡았는데, 현장소장님은 회화는 유창했지만 읽고 쓰는 것은 좀 어색했다. 나는 곰곰이 생각하다 영국 감독관의 도움을 받기로 결심하고, 40대 중반에 황금 수염이 멋진 부감독 렌 스위프트 씨를 찾아갔다. 그리고 미리 머리를 짜내 영작한 메모지를 보여주었다. 나는 그 메모지에 나이도 어리고 영어 공부도 충분히 하지 않아 이 직을 맡아 수행할 능력이 없지만 부디 가르쳐주시면 열심히 해보겠다고 썼다. 잠시 메모와 내 얼굴을 바라보던 그가 웃으며 천천히 말했다. 도와주겠다고, 또 공문을 바로 제출하지 말고 미리 자기에게 가져오라고 했다.

마침 골재 채취장 한 곳을 허가해달라는 공문을 쓸 것이 있어서 열심히 영작을 해서 가지고 갔다. 렌은 공문을 한 번 읽고는 빨간 펜으로 조금씩 지우다가 안 되겠는지 그냥 한 장을 써서 주며, 타이핑을 하고 사인을 받아 제출하란다. 고맙다고 인사하고 사무실로 돌아가 문서를 만들고 현장소장님의 사인을 받아 제출했다. 그리고 그 내용은 달달 외웠다.

런던칼리지를 나온 그가 써준 공문이니 얼마나 문장이 멋졌겠는가? 나는 그가 써준 영문 문장에 매료되어 하루에 열댓 장씩 쓰는 공문을 수정받고 몽땅 외워버렸고, 다음에 그 비슷한 패턴의 공문은 렌의 문체대로 만들어 제출했다. 한 달쯤 지나자 조금씩 수정하는 부분이 줄어들고 나도 건설 용어를 제대로 이해하면서 일이 너무 재미있어 밤을 새우는 일이 많았다.

처음에는 버벅거리던 회화도 조금씩 자신이 붙고, 어순을 이해하면서 그네들의 어투가 자연스럽게 내게도 전염되는 것 같았다. 무슨 말인지 들리기 시작하자 회화도 늘었다. 렌과 약속한 것은 절대 "모르면서 안다고 하지 말라는 것"이었기에 모르면 몇 번이라도 반복해서 이해하려고 노력했고, 글로 써주면 비로소 읽고 이해하곤 했다. 영국 친구 입장에서는 약관의 한국 젊은이가 열심히 하니 도와주지 않을 이유가 없었고, 그래서 집에도 초대하고 기타를 연주하는 클럽과 스쿼시 클럽에도 가입하게 하여 그들과 어울리도록 배려해주었다. 내가 업무를 위한 의사소통이 가능해지는 데는 반년쯤 걸렸다.

직원들은 공문을 보낼 일이 있으면 먼저 내게 무슨 내용인지 설명해야 하는데, 내가 건설에 대해 모르므로 답답하지만 일을 하려니 친절하게 설명해주었고, 덕분에 나는 토목과 건축, 전기 및 설비 업무를 광범위하게 접하고 이해하게 되었다. 나이는 제일 어린 평사원이었지만 직책은 거의 행정소장이었다. 영문 행정에 공무 업무 외에도 각종 사고 처리와 대외 민간 교류 업무 등등 한시도 눈코 뜰 새가 없었다. 하루는 오전에 화장실에서 정신을 잃고 쓰러졌다. 전 직원들이 나를 위로하며 며칠 좀 푹 쉬라고 특식도 해주고, 의무실 사원은 마사지까지 해주는 등 극진히 대해주었다.

내 평생 그렇게 열심히 일을 한 적도 없을 것 같다. 그리고 그때 각고의 노력을 기울여 공부했던 영어를 포함한 건설 지식과 적산사업무는 이후 내 경제적 성공의 근간이 되었다.

우리가 하는 공사는, 향후 사해 속에 들어 있는 포타슘을 빼내어 정제하는 생산 시설에 종사하는 종업원들을 위한 도시를 건설하는 일이었다. 황무지를 신도시로 만들기 위해 토목, 건축, 전기, 설비 등 모든 건설 분야를 총망라하는 복합 공사여서 내 입장에서는 모든 것이 배울 것투성이였다. 그 시절 우리에겐 생소한 천연가스 발전소, 큰 관정 및 저수조, 첨단 하수처리 시설, 심지어 축구장에 은행과 병원까지 모든 분야에 문제가 생기면 내가 관여했다.

당시 우리나라 건설사들은 중동 붐을 타고 단군 이래 처음 중동에서 대규모 공사를 수주했는데, 사실 그 근간이 되는 기술적 바탕에는 영국이 숨어 있었다. 그들은 자기들이 지배하던 기득권을 이용해 온갖 알짜 프로젝트는 모두 석권했고, 따라서 모든 공사의 스펙은 영국 공업규격$^{BS}$에 따라야만 했다.

나는 건설 분야에는 문외한이라, 대부분의 직원들이 감독관청에 공문을 보내려면 먼저 내게 와서 공문 내용을 이해시키는 게 일이었다. 본래 호기심이 많은 나는 그런 전문적 지식을 재미있게 듣고 모르는 것은 꼬치꼬치 물어보곤 했는데, 어떤 때는 기사들이 너무 주먹구구식이고 계약서 내용에 맞지 않는 내용을 승인해달라고 감독관청에 요구할 때가 많았다. 이럴 때는 거꾸로 BS와 계약서 조항을 찾아 읽고 그들에게 승인이 나지 않는 이유를 설명해주곤 했다. FIDIC(국제컨설팅엔지니어링연맹)의 계약서는 문장이 너무 어려워서 읽고 이해하려면 나도 진땀을 뺐다. 법률용어는 그래서 지금도 싫어한다.

하지만 BS가 얼마나 세세한지 한 번만 읽어보면 일반인도 대부분 이해할 수 있게 기술되어 있었다. 일본의 JS는 BS를 본뜬 것이고, 우리나라 KS는 JS가 모델이다.

어느 정도 기술적인 사안에서 이해력이 높아지자 내게 바뀔 수 없는 믿음 같은 것이 생겼는데, 그건 '상식을 뛰어넘는 기술은 없다'였다.

나는 한시라도 자리를 비울 수 없어서 한국으로의 휴가도 반납했고, 대신 한 달에 한 번 3박 4일의 아테네 출장으로 아쉬움을 달랬다. 출장 첫날 기성 서류를 맡기고 2~3일 그리스 지방 도시를 여행한 후 출발 전날 다시 아테네로 돌아와 미팅을 하고 돌아가는 방법으로 그리스 곳곳을 돌아다녔다. 그때만 해도 동양인은 구경을 못 하던 때라 내가 길거리를 걸어가면 지나가던 그리스 사람들이 서서 나를 구경하곤 했다. 프로젝트가 끝날 때까지 거의 스무 번 정도 출장을 다녔고, 그동안 내 영어는 부쩍부쩍 늘어 정말 어려운 계약 관리를 충분히 할 수 있을 정도로 성장했다.

어느 날 우리 인접 현장에서 영문 행정을 보던 차장님이 사무실에 들러서 자기가 읽던 영어 소설인데 재미있다고 읽어보겠느냐고 권한다.

"저는 소설을 읽을 정도의 실력이 안 됩니다"라고 하니 그분이 충분하다며 시간 있을 때 읽어보라고 책을 두고 가셨다. 그분은 국내에서 미8군 관련해 군 공사를 많이 하여 회화는 잘했으나 우리 소장님처럼 읽고 쓰는 것도 그렇고 문법도 좀 엉터리여서 그리 깊이 있는 영어 공부를 한 분은 아니었다.

바빠서 읽을 시간이 없었는데 쉬는 날 문득 생각나서 책을 펼쳐 들었다. 해롤드 로빈스라는 미국 작가가 쓴 『The Pirate』이라는 책이었다. 반신반의하며 책을 읽어 내려가는데 가끔 막히는 단어가 있었지만 의외로 쉬웠다. 그런데 문제는 소설의 내용이었다.

베이루트의 한 왕자가 세계를 상대로 철강 사업을 하는데, 미국을 오가며 보잉707 자가용 비행기 안에서 텔렉스를 보내고 아름다운 미녀들과 사랑을 나누는, 그야말로 나는 한 번도 상상조차 해보지 못했던 이야기가 펼쳐지는 것이 아닌가? 식음을 전폐하고 이틀 만에 다 읽어버렸다. 영어책 한 권이 강렬한 이미지로 머릿속에 들어오고, 당시 중동 문제인 아랍과 유대인 사이의 오랜 인연과 갈등, 그곳의 정치·경제·문화들이 한눈에 보였다.

무엇보다 자신감이 생겼다. '아, 나도 소설을 읽을 수 있구나!' 학교에서 보던 사다리 문고판 동화책이 아니라 진짜 베스트셀러 소설을 말이다.

그다음 주 시간을 내어 수도 암만에 있는 서점에 들렀다. 영문 서적은 인터콘 호텔에 있는 서점에서 파는데 내가 있던 현장에서 왕복 8시간쯤 걸리는 먼 길이다.

그곳에서 해롤드 로빈스의 또 다른 소설 두 권을 사가지고 내려왔다. 『A Stone for Danny Fisher』와 『The Adventurers』였다. 정말 무지무지 재미있었다.

그즈음 내 생활도 바뀌어, 나와 동갑내기인 상고 출신 업무보조 한 명과 깡구라는 대학원에서 영문학을 공부한 인도 펀자브 출신의 직원 한 명이 내 밑에서 일을 해 나는 예전보다는 시간적인 면에서 여유가 생겼다. 약관 27세에 그 큰 현장을 휘어잡고 현장소장의 전권을 받아 일을 했으니, 지금 생각해도 가슴이 뛰고 피가 끓는다.

몇 달 동안 해롤드 로빈스가 쓴 소설들을 깡그리 읽어버렸다.

『The Carpetbaggers』, 『79 Park Avenue』, 『The Dream Merchants』, 『The betsy』, 『Never Love a Stranger』, 『Where Love Has Gone』, 『Dream Die First』, 『Memories of Another Day』….

그의 소설 열댓 권을 읽으면서 아는 단어도 많이 늘었고, 무엇보다 미국인들의 생활방식과 사고 체계, 철학 및 정치, 경제, 문화, 사랑 등등 책에서 배우는 지식이 텅 빈 젊은 머릿속으로 쏟아져 들어왔다.

소설책을 읽을 때는 절대 되돌아가서 다시 읽으면 안 된다. 모르는 단어가 있어도 즉석에서 사전을 찾아보면 안 된다. 그냥 읽어 내려가면 문맥과 스토리가 와 닿지 않는 때가 있다. 이때 그 단어를 사전에서 찾아보면 갑자기 막혔던 부분이 뻥 뚫리며 앞뒤의 문맥과 상황이 훤하게 보이게 된다. 그렇게 읽다 보면 영어책도 일반 소설처럼 스토리를 따라가고 다음 상황이 궁금하여 책에서 손을 떼지 못하고 밤을 새우게 되는 것이다.

내게 행운이었던 건 해롤드 로빈스의 소설이 정말 재미있었기 때문에 영문 소설에 매료될 수 있었으며, 그것이 진정한 내 영어 공부의 밑거름이 된 것이다.

그의 소설을 다 읽고 다음에 읽을 책을 사려고 출장 간 김에 서점에 들렀다가 마침 우리 회사 해외법인장을 맡고 있던 사장님을 만났다. 그분은 이승만 대통령 시절 영문 수석비서관을 했던 분인데 책

한 권 사러 오셨단다.

젊은 내가 서점에 책을 사러 온 것을 보고 기특했는지, 무슨 소설을 읽느냐고 물으셨다. 해롤드 로빈스 이야기를 했더니 웃으시며 책을 한 권 추천해주시겠단다.

피터 니즈완드가 쓴 『Fall Back』이라는 소설이었다. 신간인데 470쪽짜리라 두툼하고 글자들이 빼곡하게 들어차서 나 같은 초짜는 절로 주눅이 들 수밖에 없는 책이었다.

그 두꺼운 소설을 읽는 데 불과 일주일도 안 걸렸다. 새로운 세상이었다. 지금까지 보았던 통속 소설이 아니라 냉혹한 냉전체제 하의 군비 경쟁을 다룬 기가 막힌 스파이 소설이었다. 문체도 다르고 단어도 어렵지만 그 짜임새가 정말 탄탄했다. 그때부터 통속 소설류는 다시는 돌아보지 않고 로버트 러들럼, 프레더릭 포사이스, 톰 클랜시, 크레이그 토머스등 베스트셀러 저자들이 쓴 소설을 중점적으로 보게 되었다. 인상적인 수많은 소설들이 기억에 남는다.

맷 데이먼 주연의 영화 「본 아이덴티티」 시리즈는 내가 1980년에 읽었던 소설이었다. 그게 20년이 지나 영화화된 것이다. 물론 내용은 소설과 조금 다르지만. 클린트 이스트우드가 미그 31기 조종사로 나오는 영화 「화이어 폭스」도 1980년 영국 출장 중 읽은 소설이 영화화된 것이다. 「붉은 10월」, 「패트리어트 게임」은 톰 클랜시의 소설을 기초로 했다. 그 모든 책들이 세계적 출판사에서 관련 분야의 수십 명 전문가들의 도움으로 스토리를 만들고 유명 작가의 이름으로 출판하여 세계를 상대로 파는 것이라, 완성도는 우리나라 1인 작가가 쓰는 소설과 비교가 안 되었다.

이렇게 내 영어 공부는 드라마틱한 여정을 오가며 완성되어갔다. 그 어려웠던 때 소설책이 얼마나 내게 도움이 되고 공부가 되었는지, 인생의 변곡진 곳에서 내게 도움과 영감을 주신 그분들은 이젠 아마 다 돌아가셨을 것이다.

요즘은 드라마를 보면서 영어 등 외국어를 공부하는 시대여서 꼭 내 경험담이 도움이 될지는 모르겠다. 하지만 아직 젊은 그대들이 이 스토리를 읽고 새로운 영감을 받아 공부하고 영어를 깨쳐, 앞으로 다 가오는 미래의 삶에서 피와 살이 되고, 자기 자신만이 아니라 국가와 민족을 위해서도 잘 쓰였으면 좋겠다.

　이 장에서는 업체명이나 모델명 등을 가감없이 쓰기로 결정했다. 내 개인적인 이야기이므로 읽는 분들이 거부감을 가질 수 있으나 본문의 의미를 강조하기 위해 통념적 예의 같은 건 패스한다.

　최근 일이다. 유명 아나운서 가족이 볼보 RV 차량을 타고 가다 사고가 났는데 한 사람도 안 다쳤다고, 그 차가 불티나게 팔린단다. 단언컨대 국산 산타페나 쏘렌토가 그 볼보 차량보다 훨씬 좋은 차다. 모든 면에서 게임이 안 된다. 그런데도 사람들은 볼보가 안전한 차라는 1960~80년대 곰팡이 냄새 나는 사고방식을 답습하고, 교묘하게 잘 각색된 볼보차 수입업체의 유튜브 영상과 손흥민이 나오는 선전물을 믿으며 그런 줄 안다. 답답한 이야기다.

　나는 아주 오래전부터 스웨덴과 덴마크 등 스칸디나비아를 수십 차례 드나들며 그쪽 사람들과 사업을 해왔다. 지금도 그쪽에 친구들이 많다. 1997~2000년까지 덴마크와 스웨덴에서 베스트셀러 자동차는 기아자동차의 세피아였다. 특히 덴마크에서 기아차는 벤츠와 BMW를 제치고 명차로 소문나 있다. 이런 건 누가 알려주지 않으니 모를 수밖에 없다. 오히려 덴마크 친구들이 매년 초에 전화하여 축하한다고 알려줘서 알게 됐다. 덴마크와 스웨덴은 강력한 공업 국가다. 모두들 덴마크 하면 낙농업을 생각하지만 그렇지 않다. 스웨덴은 볼보와 사브라는 두 개의 자동차 메이커가 있었는데 모두 경쟁력에서 뒤져서 사브는 유명무실, 볼보는 중국에 팔렸다. 첨단 엔진에 투자할 자금과 기술력이 없어서 구닥다리 2,000cc 5기통 디젤엔진이 주력 엔진이다. 그런데도 볼보? 웃기는 이야기다.

별 볼 일 없는 차를 그럴싸하게 선전하는 국내 대기업 골프 채널에서의 대량 선전이 먹히기 때문이다. 볼보도, 이탈리아의 마세라티도, 영국의 재규어도 모두 한물간 차량들인데 아직 우리나라에서는 명차라고 알려져서 비싸게 사는 '호갱'이 많다.

차 이야기가 나왔으니 생각나는 일화가 있다. 1984년 초 내가 처음 마르세유를 방문했을 때 그곳 중앙역으로 나를 마중 나왔던 프랑스 회사 세일즈 매니저가(이름이 바트만이어서 기억에 남아 있다) 신형 해치백 르노 차를 가지고 나왔는데, 해변을 따라 달리는 내내 차 자랑을 했다. 그는 현대의 포니를 '플라스틱 조각'이라고 불렀다. 사실 우리나라 차는 미쓰비시에서 엔진을 수입하여 만든 포니가 처음이었고, 그때는 초라하기 그지없었다.

초라했던 한국 차는 이제 명차 반열에 들어간다. 그래도 젊은 친구들이 포털에서 현대차, 기아차를 '현기 쓰레기'라 부르며 스스로의 자긍심을 휴지조각처럼 내던지고 외제차를 찾는다. 나는 꽤 많은 차를 사서 타보았다. 지금도 2억 원이 넘는 8기통 벤츠를 타고 있고 세컨드 카로 BMW X 시리즈를, 해외에서는 도요타를 사놓고 탄다. 모두들 부러워하는 벤츠S 클래스는 좋은 차긴 해도 생각보다 잔고장도 많고, 한 번 고치려면 수백만 원은 쉽게 들어간다. 엔진오일 교체하는 데도 필터를 포함해 100만 원은 기본이다.

젊어서부터 크라이슬러 선빔, 벤츠를 시작으로 국내에서는 엑셀부터 르망, 갤로퍼 1, 2에 오피러스, 그랜저, 산타페, 볼보, 아우디 그리고 에쿠스까지 모두 섭렵해보았다. 우리 회사 직원들이 타는 차까지 포함하면 지금껏 가히 100대 이상의 차량을 구입해보았다.

2007년 아우디 마니아인 독일 친구와 내 에쿠스로 충주 공장을 가느라 중부고속도로를 타다가 잠깐 그 친구에게 핸들을 맡긴 적이 있다. 주로 A8만 타고 다니던 그가 깜짝 놀라며 이렇게 소리쳤다.

"와! 현대, 정말 다시 봤어. 이 에쿠스, 독일에서 살 수 있나?" 그는 이렇게 조용하고 부드럽고 편안하고 잘 나가는 차는 난생처음이라며 놀라움을 표시했다.

또 다른 독일 만하임 출신의 엔지니어 친구도 에쿠스에 찬사를 아끼지 않았다. 그도 벤츠만 타다가 수년 전부터 테슬라 S를 타고 있는데, 현대 차에 대한 감탄은 나 듣기 좋으라고 하는 말이 아니었다.

이제 세상은 변했다. 우리가 알던 수많은 명차들이 이제 그 가치를 달리한다. 내장이 허접하고 자율 기능도 문제가 있다는 테슬라의 시가 총액이 천정부지로 올라가 도요타를 능가했다.

나와 같이 운동하며 노는 코타키나발루의 은퇴 이민자들 중에 도요타의 fortuner 지프를 샀다가 소렌토보다 못하다고 볼멘소리를 늘어놓은 사람이 많다. 나 역시 동남아에서 명성이 자자한 도요타 이노바를 처음 사서 운전하던 날 도요타의 실력이 이 정도로 형편없는지, 현대 투싼을 따라오려면 한참 멀었음을 바로 알았다.

그런데 왜 동남아에서는 도요타 같은 일본 차의 점유율이 90%나 되는가? 그건 그들이 투자한 인프라 때문이다. 동남아 대부분 나라들의 주요 고속도로는 일본의 대대적인 차관 자금 공세로 건설된 곳이 대부분이고, 할부 시스템도 잘 되어 있어서다. 현대차가 좋아도 할부 제도가 발달하지 못하면 많이 팔 수 없다. 그것이 국력의 차이다.

평생 소니나 필립스가 삼성이나 엘지의 적수가 되지 못할 날이 올지는 상상을 못 했고, 독일의 그룬딕이나 텔레푼켄이 영원토록 우리나라 전자제품 메이커에 상대도 안 되는 높은 수준의 명품 가치를 유지할 줄 알았지만 모두들 한국 가전회사의 밥이 되었다.

그렇다. 이제 현실을 바로 알아야 한다. 우리의 내재된 진정한 가치를 말이다.

나는 그동안 수많은 나라를 여행했다. 아프리카 몇 개국 빼고는 저 지구 끝 남미까지 대부분 가보았다. 내 여권번호가 60만 번대였으니까 1978년부터 수백만 마일을 날아다녔고, 수많은 외국인과 사업도 하고 교류도 했다. 도대체 무엇이 우리를 21세기 초 세계 상위권에 손색없는 국가와 국민으로 만들었을까 생각해보았다.

우선은 교육 수준이다. 모르는 사람은 우리의 주입식 교육이 그들의 자율을 중시하는 교육보다 열등하다고 말한다. 사실은 그렇지 않다. 일부는 사실이겠지만 전부가 그런 것은 아니다.

우리의 젊은 친구들은 세계에서 제일 똑똑하다. 그놈의 외국어 때문에 한풀 꺾고 들어가서 그렇지 영국, 일본, 미국, 중국, 프랑스, 독일, 그 누구와 비교해도 단연 월등한 것이 우리나라 사람들이다. 이건 내가 직업상 많은 나라 사람들과 어려서부터 직접 몸으로 부딪치며 터득한 결론이다. 세계를 움직이는 중심은 미국이지만, 뉴욕을 가보고 워싱턴을 가보면 우리도 당당히 그들과 겨룰 만하다는 것을, 미국의 교민 사회를 가보면 알 수 있을 것이다.

우리는 서구보다 200년 늦게 산업화를 시작했고 어떤 국가보다 더 끔찍한 시련을 겪었지만 21세기에 들어 서구와 어깨를 나란히 하고 있다. 물론 해결해야 할 수많은 사회적 난제가 있다고 하지만 다른 나라들은 더 심한 난제들을 안고 살아간다.

두 번째는 아무리 생각해도 아무짝에도 쓸데없다는 허송세월의 대명사인 군의 집단생활과 긴장의 끈을 바짝 조이게 만드는 북한이다. 그런 적당한 긴장감이 우리를 단련시켰다. 이 경우 이스라엘 유대인이 우리와 비슷하다.

자긍심을 가지고 새롭게 세상을 바라보면 모든 것이 만만하다. 내가 20년만 젊었으면 저 중남미나 아프리카 혹은 미국이나 유럽으로 건너가 나만의 부와 성공을 더 크게 이룰 수 있다고 자신한다.

좀스럽게 공무원 시험을 보고 합격을 꿈꾸는, 안일한 여생을 꿈꾸지 마라. 공부 열심히 해서 대기업에 들어가봐야, 길게 잡아 20년 직장 생활 끝나면 남은 건 매월 나오는 연금 몇 푼과 집 한 채에 몇 억원의 여유 자금이 그대들을 기다릴 뿐, 요트를 타고 대양을 항해하고 추운 겨울 따뜻한 동남아를 돌아다니며 노는 건 기대도 할 수 없다. 무조건 남이 가지 않는 길로 가라. 무조건 남이 하지 않는 일을 하라.

이 글을 보고 영감을 얻을 수많은 젊은이들이 창의성과 각고의 노력으로 남과 다른 길을 걷고 남과 다른 일을 하며 부디 쩨쩨하지 않은 큰 부자가 되고 나아가 우리나라를 빛냈으면 좋겠다.

| 부록 2 |

## 벗삼아호 항해 자료

- 벗삼아호 귀국 항해 계획서
- Budsama Saling report
- 벗삼아호 항로
- 2차 꿈의 세일링 항해 내역
- 2차 꿈의 세일링 비용 정산표

## ■ 벗삼아호 귀국 항해 계획서(수빅-대만-제주)

| 항해거리 | 직선거리 1,148마일 | |
|---|---|---|
| 주요항구 | 수빅 - 산페르난도 - 대만 컨딩 - 가오슝 - 타이베이 - 이어도 - 서귀포 - 우도 | |
| 세부 입항 지역 및 거리 | 1> 수빅에서 중식 후 1시경 출발, 약 20마일. Calaguaguin bay | |
| | 2> Calaguaguin bay. 출발 약 40마일 Palauig 도착 | |
| | 3> Palauig 출발 약 60마일 Bolinao 도착 | |
| | 4> Bolinao 출발 약 30마일 San Fernando 도착 (물품 구입) | 출국 수속 |
| | 5> San Fernando 출발 약 60마일 Vigan Dile Point 도착 | |
| | 6> Vigan Dile Point 출발 약 62마일 루손섬 북단 도착 | |
| | 7> 루손섬 북단 출발 약 5마일 Fuga Island 도착. | |
| | 8> Fuga Island 출발 약 27마일 Calayan Island 도착 | |
| | 9> Calayan Island 출발 약 80마일 Batan Island 도착 | |
| | 10> Batan Island 출발 약 25마일 Itbayat Islsnd 도착 | |
| | 11> Itbayat Islsnd 출발 약 95마일 대만 컨딩에 도착 | 입국 수속 |
| | 12> 대만 컨딩 출발 약 60마일 떠러진 가오슝에 도착 | |
| | 13> 가오슝 출발 약 50마일 Qingshangangshan sandbar 도착 | |
| | 14> Qingshangangshan sandbar 출발 약70마일 Taiohung Harbour 도착 | |
| | 15> Taiohung Harbour 출발 약 45마일 Hsirchu Fishing Harbour 도착 | |
| | 16> Hsirchu Fishing Harbour 출발 약 35마일 Nan-k'an Kang 도착 | 출국 수속 |
| | 17> Nan-k'an Kang 출발 약 560마일 서귀포항 도착 | 입국 수속 |
| | 18> 서귀포항에서 출발 약 25마일 항해 후 섭지코지 도착 | |
| | 19> 섭지코지 출발 약 20마일 김녕항에 도착 | |
| | * 출발 예상 시간 및 도착 시간은 기상에 따라 변경 | |

| 출항 준비 사항 | 점검 사항 | 엔진 점검, 발전기 점검, 워터 메이커 점검, 딩기 엔진 점검 |
|---|---|---|
| | | 세일 점검, 휠리어드 도르래 점검, 빌지펌프 점검, 윈치 점검 |
| | | 12V 전기 및 각종 항해 장비 점검, 위성전화 세팅 |
| | 수리 | 냉장고 교체, 앵커 윈드레스 수리 |
| | 청소 | 청소, 세탁, 스쿠버 장비 정리 |
| | 보충 | 가스 충전, 식부자재 보충, 물보충, 주유 및 윤활유, 공기탱크 충전 |

| 입출항 신고 | 1> 필리핀 출국은 수빅 또는 산 페르난도, 약 200달러 + α |
|---|---|
| | 2> 대만 입항 수속은 컨딩, 출국은 타이베이 |
| | 3> 한국 입항 신고는 서귀포항 |

| 기타 | 1> 필리핀 수빅에서 출발해서 대만까지 가는 경로 중 출국심사를 마친 상태에서는 |
|---|---|
| | 원칙상 다른 지역에 상륙을 할 수 없음 (상황에 따라 대처) |
| | 2> 대만 컨딩항에 입항하여 서쪽으로 항해를 할 경우 우리가 가고자 하는 지역의 |
| | 가오슝과 타이베이 항구 마리나에는 미리 입항을 알려야 하며 선석 확인 |
| | (현재 대만에서 항만 관리 직원과 이야기 중) |
| | 대만 서쪽 항해는 어장이 많음. 주간 항해 원칙, 상황에 따라 야간 항해 |
| | 3> 한국 입항은 서귀포항, 현재 세관과 법무부 그리고 검역과 이야기 중 |
| | (월요일 4월 6일 결과 알려주기로 함) |

| 예상 경비 | 1> 수빅마리나 비용 2> 유류 충전 3> 앵커 윈드레스 수리 4> 가스 충전 |
|---|---|
| | 5> 냉장고 수리 6> 세탁 7> 입출항 수수료 8> 부식비 9> 일반 활동비 |
| | 약 350~400만 원 예상 |

338

■ **Budsama Saling report** (수빅 – 필리핀 코론 – 수빅 – 대만 – 제주)

| 구간 | 일 자 | PORT STAT | PORT ARRIVE | DISTANCE / MILE STRAIGHT | DISTANCE / MILE SAILING | TIME START | TIME ARRIVE | TIME SAILING | NOTE |
|---|---|---|---|---|---|---|---|---|---|
| 1 | 1월 18일 | Subic Marina | 야간 항해 | 127 | 71.9 | 16:00 | 06:30 | 14h 30 | 김선일, 표연봉 |
| | 1월 19일 | 야간 항해 | Lubang Island | | | | | | |
| | | Lubang Island | Looc Bay | | 14.3 | 11:00 | 13:00 | 3h | |
| 2 | 1월 20일 | Looc Bay | Puerto Galera | | 50.6 | 01:00 | 14:30 | 13h 30 | |
| 3 | 3월 5일 | Puerto Galera | Pola, Oriental Mindoro | | 50.0 | 07:00 | 15:30 | 8h 30 | |
| 4 | 3월 5일 | Pola, Oriental Mindoro | 야간 항해 | 130 | 98.3 | 21:00 | 11:30 | 14h 30 | 허광웅, 허광훈, 표연봉 |
| | 3월 6일 | 야간 항해 | Boracay Beach | | | | | | |
| 5 | 3월 11일 | Boracay Beach | mokicanboc Island | | 30.3 | 09:00 | 14:30 | 5h 30 | 폴라에서 모터 수리 |
| 6 | 3월 12일 | mokicanboc Island | Grace Island | 120 | 42.0 | 09:00 | 13:00 | 4h | |
| 7 | 3월 13일 | Grace Island | Kayangan Lake | | 61.0 | 07:00 | 16:30 | 9h 30 | |
| 8 | 3월 16일 | Kayangan Lake | Twin Lagoon | | 2.1 | 10:00 | 10:20 | 0h 20 | |
| 9 | 3월 17일 | Twin Lagoon | Ditaytayan Island | | 26.7 | 10:30 | 14:30 | 4h | |
| 10 | 3월 18일 | Ditaytayan Island | Sangat Resort | 70 | 18.8 | 07:00 | 11:30 | 4h 30 | 허광웅, 허광훈, 표연봉, 김선일 |
| 11 | 3월 19일 | Sangat Resort | BusuanngaYacht Cllub | | 9.5 | 09:00 | 12:00 | 3h | |
| | | BusuanngaYacht Cllub | Coron Town | | 20.0 | 14:30 | 18:00 | 3h 30 | |
| 12 | 3월 20일 | Coron Town | Apo Reef Natural Park | | 58.7 | 07:30 | 16:00 | 8h 30 | 허광웅, 허광훈, 표연봉 |
| 13 | 3월 21일 | Apo Reef Natural Park | Pantocomi PT | 212 | 56.5 | 13:40 | 22:00 | 8h 20 | |
| 14 | 3월 22일 | Pantocomi PT | Subic Marina | | 120.0 | 07:00 | 23:00 | 16h | |
| | 필리핀 민도로 지역, 코론 지역 여행 | | | 659 | 731 | | | 121h 10 | |
| 15 | 4월 19일 | Subic Marina | San-Antono 경유 | 580 | 157.3 | 10:00 | 21:05 | 33h 05 | 허광훈, 표연봉 |
| 16 | 4월 20일 | San-Antono 경유 | San-Fenando | | | | | | |
| 17 | 4월 21일 | San-Fenando | 야간 항해 | | 83.1 | 17:00 | 17:39 | 24h 39 | |
| | 4월 22일 | 야간 항해 | Salomague PT | | | | | | |
| 18 | 4월 23일 | Salomague PT | Dirique Inlet | | 48.3 | 08:30 | 20:05 | 11h 35 | 산안토니오 임시 정박 배밑 청소 작업 |
| 19 | 4월 25일 | Dirique Inlet | Pagudpud Beach | | 20.8 | 06:37 | 10:54 | 4h 17 | |
| 20 | 4월 27일 | Pagudpud Beach | Calayan Island | | 62.7 | 06:19 | 16:18 | 15h 59 | |
| 21 | 4월 28일 | Calayan Island | Batan Island | | 74.6 | 05:20 | 16:22 | 17h 02 | |
| 22 | 4월 29일 | Batan Island | 야간 항해 | | 128.9 | 10:11 | 09:55 | 23h 44 | |
| | 4월 30일 | 야간 항해 | Taiwan Kending | | | | | | |
| 23 | 5월 5일 | Taiwan Kending | Kaohsiung | 295 | 55.5 | 06:20 | 14:45 | 8h 25 | 허광훈, 허광웅, 표연봉, 이종현, Jeng |
| 24 | 5월 7일 | Kaohsiung | Budai | | 55.6 | 06:20 | 15:00 | 8h 40 | |
| 25 | 5월 8일 | Budai | 야간 항해 | | 182.6 | 06:15 | 14:17 | 32h 02 | Tai-chung 경유 |
| | 5월 9일 | 야간 항해 | Keelung | | | | | | |
| 26 | 5월 12일 | Keelung | 야간 항해 | 600 | 603.3 | 16:40 | 09:00 | 112h 20 | 허광훈, 표연봉, 이종현 |
| | 5월 17일 | 야간 항해 | 제주 | | | | | | |
| | 귀국 항해 | | | 1,475 | 1,473 | | | 291h 43 | |
| | 2차 항해 전체 | | | 2,134 | 2,203 | | | 412h 53 | 17일 4시간 53분 |

■ 벗삼아호 항로

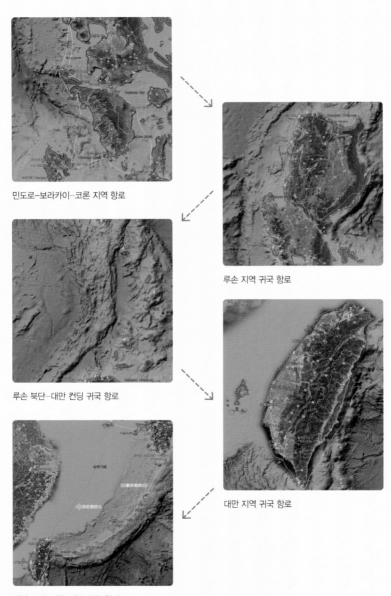

민도로-보라카이-코론 지역 항로

루손 지역 귀국 항로

루손 북단-대만 컨딩 귀국 항로

대만 지역 귀국 항로

대만 북단-제주 김녕 귀국 항해도

## ▪ 2차 꿈의 세일링 항해 내역 (제주 – 코타키나발루)

| 구분 | 출항지 | 도착지 | 출항 일시 | | 입항 시간 | | | 소요 시간 | 운항 거리 | 평속 | 최고 시속 | 비고 |
|------|--------|--------|------|------|------|------|------|----------|---------|------|-----------|------|
| 한국 | 제주 김녕 | 위미 | 11.2 | 06:46 | 11.2 | | 12:51 | 6시간5분 | 44.9 | 7.4 | 10.9 | 위미회항 의원 |
| | 위미 | 이어도 | 11.2 | 13:42 | 11.2 | +1 | 6:50 | 17시간 08분 | 116.5 | 6.5 | 9.7 | |
| 대만 | 이어도 | 花蓮觀光漁港 | 11.3 | 06:58 | 11.6 | +3 | 13:48 | 75시간 32분 | 532.1 | 7.1 | 14.9 | 허광음 출국 |
| | 花蓮觀光漁港 | 墾丁 後壁湖 | 11.9 | 10:09 | 11.10 | +1 | 9:18 | 23시간9분 | 149.3 | 6.5 | 13.1 | |
| 필리핀 | 墾丁 後壁湖 | BARIQUIR | 11.1 | 09:42 | 11.13 | +1 | 21:08 | 34시간 27분 | 258.1 | 7.5 | 13.3 | 루손 입구 |
| | BARIQUIR | SANTIAGO | 11.1 | 21:08 | 11.14 | +1 | 11:24 | 14시간 16분 | 89.9 | 6.3 | 10.3 | 입국신고 |
| | SANTIAGO | Subic | 11.2 | 19:58 | 11.16 | +1 | 14:00 | 18시간 02분 | 139.4 | 7.0 | 8.3 | Subic Bay Yacht Club |
| | Subic | APO Reef | 11.3 | 11:47 | 11.27 | +1 | 09:37 | 21시간 50분 | 145.1 | 6.6 | 9.0 | 김동오 합류 |
| | APO Reef | Coron Town | 11.3 | 06:06 | 11.28 | | 13:31 | 7시간 25분 | 56.1 | 7.6 | 8.7 | 허광음 합류 |
| | Coron Town | EL NIDO | 11.30 | 07:10 | 11.30 | | 16:43 | 9시간 33분 | 82.0 | 8.6 | 12.0 | |
| | EL NIDO | Ulugan Bay | 12.3 | 06:34 | 12.3 | | 18:50 | 12시간 16분 | 80.3 | 6.5 | 12.3 | P프린세사 출국 수속 |
| 말레이 시아 | Ulugan Bay | Sutera Harbour | 12.5 | 02:07 | 12.6 | +1 | 19:15 | 41시간 8분 | 320.6 | 7.8 | 16.4 | 입국신고 |
| 합계 | | | | | | | | 280시간 51분 | 2,014.3 | 7.12 | | |

* 총 여행일수 : 34일

* 순수 항해 시간 : 280시간 51분 (11일 17시간)

341

# 2차 꿈의 세일링 비용 정산표

| 국가 | 일자 | 상호 | 현지화 | 한화 | 비고 | 요트 수리비 | 공통비용 | 허광용 | 허광훈 | 노승기 | 김룡오 | 비고 |
|---|---|---|---|---|---|---|---|---|---|---|---|---|
| 한국 | 10월 20일 | 방진복 외 | 16,800 | 16,800 | | 16,800 | | 16,800 | | | | |
| | 10월 20일 | 테이프 외 | 5,000 | 5,000 | | 5,000 | | 5,000 | | | | |
| | 10월 24일 | 마스킹테이프 외 | 41,600 | 41,600 | | 41,600 | | 41,600 | | | | |
| | 10월 26일 | SK가스 충전 | 37,000 | 37,000 | | | 37,000 | 10,360 | 10,360 | 10,360 | 5,920 | 비율 |
| | 10월 26일 | 수리자재 방진복 외 | 21,800 | 21,800 | | 21,800 | | 21,800 | | | | |
| | 10월 27일 | 침성국기 국기 제작 | 42,000 | 42,000 | | | 42,000 | 11,760 | 11,760 | 11,760 | 6,720 | 비율 |
| | 10월 27일 | 연료 주유 | 343,000 | 343,000 | | 343,000 | | 343,000 | | | | |
| | 10월 29일 | 삼다수 6x1 | 3,780 | 3,780 | | | 3,780 | 1,058 | 1,058 | 1,058 | 605 | 비율 |
| | 10월 30일 | 대명홈마트 부식 외 | 36,000 | 36,000 | | | 36,000 | 10,080 | 10,080 | 10,080 | 5,760 | 비율 |
| | | 국립제주검역소 | 21,000 | 21,000 | | | 21,000 | 5,880 | 5,880 | 5,880 | 3,360 | 비율 |
| | 10월 31일 | 선구사 물바가지 | 6,500 | 6,500 | | 6,500 | | 6,500 | | | | |
| | | 윤활유 외 | 40,000 | 40,000 | | 40,000 | | 40,000 | | | | |
| | | 칼 구입 | 8,000 | 8,000 | | 8,000 | | 8,000 | | | | |
| | | 삼다수 6x5 | 18,900 | 18,900 | | | 18,900 | 5,292 | 5,292 | 5,292 | 3,024 | 비율 |
| | | 빙기름 휘발유 | 20,000 | 20,000 | | | 20,000 | 5,600 | 5,600 | 5,600 | 3,200 | 비율 |
| | | 제주제관 수수료 | 10,000 | 10,000 | | | 10,000 | 2,800 | 2,800 | 2,800 | 1,600 | 비율 |
| | | 출항 전 이마트 장보기 | 438,650 | 438,650 | | | 438,650 | 122,822 | 122,822 | 122,822 | 70,184 | 비율 |
| | 11월 1일 | 출항 전 이마트 장보기 | 552,730 | 552,730 | | | 552,730 | 154,764 | 154,764 | 154,764 | 88,437 | 비율 |
| | | 위성전화 심카드 | 300,000 | 300,000 | | | 300,000 | 84,000 | 84,000 | 84,000 | 48,000 | 비율 |
| | | 욜 5개 | 18,900 | 18,900 | | | 18,900 | 5,292 | 5,292 | 5,292 | 3,024 | 비율 |
| | | 합계 | 1,981,660 | 1,981,660 | | 482,700 | 1,498,960 | 902,409 | 419,709 | 419,709 | 239,834 | |
| 대만 | 11월 6일 | 통대분야시장 식사 | 1,450 | 55,100 | | | 55,100 | 18,367 | 18,367 | 18,367 | | 1/3 |
| | | 금른고량주 | 500 | 19,000 | | | 19,000 | 6,333 | 6,333 | 6,333 | | 1/3 |
| | | 택시비 | 200 | 7,600 | | | 7,600 | 2,533 | 2,533 | 2,533 | | 1/3 |
| | | 소자 구입 | 300 | 11,400 | | | 11,400 | 3,800 | 3,800 | 3,800 | | 1/3 |
| | | 음료수 | 100 | 3,800 | | | 3,800 | 1,267 | 1,267 | 1,267 | | 1/3 |
| | 11월 7일 | 기름 청소 | 1,500 | 57,000 | | 57,000 | | 57,000 | | | | |
| | | 부품 구입 | 750 | 28,500 | | | 28,500 | 7,980 | 7,980 | 7,980 | 4,560 | 비율 |
| | | 식품 및 음료 | 792 | 30,096 | | | 30,096 | 10,032 | 10,032 | 10,032 | | 1/3 |
| | | 택시비 | 150 | 5,700 | | | 5,700 | 1,900 | 1,900 | 1,900 | | 1/3 |
| | | 택시비 | 280 | 10,640 | | | 10,640 | 3,547 | 3,547 | 3,547 | | 1/3 |
| | | 택시비 | 200 | 7,600 | | | 7,600 | 2,533 | 2,533 | 2,533 | | 1/3 |
| | | 택시비 | 200 | 7,600 | | | 7,600 | 2,533 | 2,533 | 2,533 | | 1/3 |
| | 11월 8일 | 택시 대절비 | 3,300 | 125,400 | 타이루커 관광 | | 125,400 | | 62,700 | 62,700 | | 2인 |
| | | 식사 | 750 | 28,500 | | | 28,500 | | 14,250 | 14,250 | | 2인 |
| | | 음료, 고추 구입 | 250 | 9,500 | | | 9,500 | 9,500 | | | | |
| | | 종유빙 | 90 | 3,420 | | | 3,420 | | 1,710 | 1,710 | | 2인 |
| | | 계류비 | 6,450 | 245,100 | | | 245,100 | 81,700 | 81,700 | 81,700 | | |
| | | 부품 구입비 | 3,740 | 142,120 | | 142,120 | | 142,120 | | | | |
| | | 식품 구입 (파티 준비) | 401 | 15,238 | | | 15,238 | | 7,619 | 7,619 | | 2인 |
| | | " | 373 | 14,174 | | | 14,174 | | 7,087 | 7,087 | | 2인 |
| | 11월 10일 | 차량 대절 | 2,000 | 76,000 | | | 76,000 | | 38,000 | 38,000 | | 2인 |
| | | 녹두빙수 | 120 | 4,560 | | | 4,560 | | 2,280 | 2,280 | | 2인 |
| | | 야시장 알 생수 | 350 | 13,300 | | | 13,300 | | 6,650 | 6,650 | | 2인 |
| | | 슈퍼마켓 밭 살충제 | 549 | 20,862 | | | 20,862 | 5,841 | 5,841 | 5,841 | 3,338 | 비율 |
| | | 주유 | 12,558 | 477,204 | 460리터 | | 477,204 | 133,617 | 133,617 | 133,617 | 76,353 | 비율 |
| | 11월 11일 | 점심 | 1,000 | 38,000 | | | 38,000 | | 19,000 | 19,000 | | 2인 |
| | | 저녁 | 400 | 15,200 | | | 15,200 | | 7,600 | 7,600 | | 2인 |
| | 11월 12일 | 계류비 | 1,011 | 38,418 | | | 38,418 | 12,806 | 12,806 | 12,806 | | 비율 |
| | | 주류 구입 | 829 | 31,502 | 재고 제외 | | 31,502 | | 15,751 | 15,751 | | 2인 |
| | | 합계 | 40,593 | 1,542,534 | 환율: 38원 적용 | 199,120 | 1,343,414 | 493,910 | 486,937 | 477,437 | 84,251 | |

| 지역 | 날짜 | 항목 | 수량 | 금액 | 비고 | 미분배 | 분배 | 인1 | 인2 | 인3 | 인4 | 구분 |
|---|---|---|---|---|---|---|---|---|---|---|---|---|
| 필리핀 | 11월 15일 | 전력선 수리비 | 60,350 | 1,357,875 | 1,189불 | 1,357,875 | | 1,357,875 | | | | |
| | | 세관 | 6,096 | 137,160 | 120불 | | 137,160 | 34,290 | 34,290 | 34,290 | 34,290 | 비율 |
| | | 출입국 | 6,096 | 137,160 | 120불 | | 137,160 | 34,290 | 34,290 | 34,290 | 34,290 | 비율 |
| | 11월 16일 | 수박만 검역 | 2,540 | 57,150 | 50불 | | 57,150 | 14,288 | 14,288 | 14,288 | 14,288 | 비율 |
| | | 세관 | 2,540 | 57,150 | 50불 | | 57,150 | 14,288 | 14,288 | 14,288 | 14,288 | 비율 |
| | | 출입국 | 2,540 | 57,150 | 50불 | | 57,150 | 14,288 | 14,288 | 14,288 | 14,288 | 비율 |
| | | 항만 사용료 | 2,540 | 57,150 | 50불 | | 57,150 | 14,288 | 14,288 | 14,288 | 14,288 | 비율 |
| | | 계류비 10일분 정산 | 52,500 | 1,181,250 | | | 1,181,250 | 295,313 | 295,313 | 295,313 | 295,313 | 비율 |
| | | 택시비 | 200 | 4,500 | | | 4,500 | 2,250 | 2,250 | | | 2인 |
| | | 저녁 식사 | 2,000 | 45,000 | | | 45,000 | 22,500 | 22,500 | | | 2인 |
| | 11월 17일 | 슈퍼마켓 | 1,094 | 24,615 | | | 24,615 | 12,308 | 12,308 | | | 2인 |
| | | 택시비 | 170 | 3,825 | | | 3,825 | 1,913 | 1,913 | | | 2인 |
| | | 팁 | 100 | 2,250 | | | 2,250 | 1,125 | 1,125 | | | 2인 |
| | 11월 20일 | 클락 여행 | 3,650 | 82,125 | | | 82,125 | 41,063 | 41,063 | | | 2인 |
| | 11월 22일 | 요트 청소 | 15,435 | 347,288 | 300불 | 347,288 | | 347,288 | | | | |
| | | 청소 팁 | 500 | 11,250 | | 11,250 | | 11,250 | | | | |
| | 11월 24일 | 모기약 외 | 1,095 | 24,638 | 모기약 외 | | 24,638 | 6,159 | 6,159 | 6,159 | 6,159 | 비율 |
| | 11월 25일 | 식품, 생수 외 | 5,095 | 114,638 | | | 114,638 | 28,659 | 28,659 | 28,659 | 28,659 | 비율 |
| | | 맥주 구입 | 2,625 | 59,063 | | | 59,063 | 14,766 | 14,766 | 14,766 | 14,766 | 비율 |
| | | 음 구입 | 100 | 2,250 | 말통 | | 2,250 | 563 | 563 | 563 | 563 | 비율 |
| | 11월 26일 | 아침 식사 | 2,100 | 47,250 | Dos Amigos | | 47,250 | 11,813 | 11,813 | 11,813 | 11,813 | 비율 |
| | | 물, 전기료 정산 | 3,600 | 81,000 | | | 81,000 | 20,250 | 20,250 | 20,250 | 20,250 | 비율 |
| | | 연료 주입 | 16,500 | 371,250 | 396리터 | | 371,250 | 92,813 | 92,813 | 92,813 | 92,813 | 비율 |
| | 11월 27일 | 아포 입장표 | 2,600 | 58,500 | | | 58,500 | | 19,500 | 19,500 | 19,500 | 비율 |
| | | 참치 구입 | 500 | 11,250 | | | 11,250 | 3,750 | 3,750 | 3,750 | | 비율 |
| | | 보트 대절 | 2,000 | 45,000 | | | 45,000 | 15,000 | 15,000 | 15,000 | | 비율 |
| | 11월 28일 | Kayangan Lake | 900 | 20,250 | | | 20,250 | | 6,750 | 6,750 | 6,750 | 비율 |
| | | 저녁 식사 | 3,200 | 72,000 | | | 72,000 | 18,000 | 18,000 | 18,000 | 18,000 | 비율 |
| | | 꼬치 | 1,000 | 22,500 | | | 22,500 | 5,625 | 5,625 | 5,625 | 5,625 | 비율 |
| | 11월 29일 | 식재료 구입 | 3,000 | 67,500 | | | 67,500 | 16,875 | 16,875 | 16,875 | 16,875 | 비율 |
| | | 이자르트 | 800 | 18,000 | | | 18,000 | 4,500 | 4,500 | 4,500 | 4,500 | 비율 |
| | | 트윈라군 입장료 | 800 | 18,000 | | | 18,000 | 4,500 | 4,500 | 4,500 | 4,500 | 비율 |
| | | 코롱가든 입장료 | 800 | 18,000 | | | 18,000 | 4,500 | 4,500 | 4,500 | 4,500 | 비율 |
| | | 식사 자리세 | 600 | 13,500 | | | 13,500 | 3,375 | 3,375 | 3,375 | 3,375 | 비율 |
| | | 보트 대절 | 2,700 | 60,750 | | | 60,750 | 15,188 | 15,188 | 15,188 | 15,188 | 비율 |
| | | 과일 외 | 1,000 | 22,500 | | | 22,500 | 5,625 | 5,625 | 5,625 | 5,625 | 비율 |
| | 11월 30일 | 엡니도 식사 | 2,000 | 45,000 | | | 45,000 | 11,250 | 11,250 | 11,250 | 11,250 | 비율 |
| | 12월 1일 | 빅라군 관광 팁 | 1,000 | 22,500 | 다이빙, 관광 각자 지급 | | 22,500 | 5,625 | 5,625 | 5,625 | 5,625 | 비율 |
| | 12월 2일 | 뭍값 | 300 | 6,750 | | | 6,750 | 1,688 | 1,688 | 1,688 | 1,688 | 비율 |
| | 12월 3일 | 아도료 | 500 | 11,250 | 율룽간완 | | 11,250 | 2,813 | 2,813 | 2,813 | 2,813 | 비율 |
| | 12월 4일 | 자량 렌트비 | 4,000 | 90,000 | 차량 3,500 가이드 500 | | 90,000 | 22,500 | 22,500 | 22,500 | 22,500 | 비율 |
| | | 방카 비용 | 500 | 11,250 | | | 11,250 | 2,813 | 2,813 | 2,813 | 2,813 | 비율 |
| | | 점심 | 790 | 17,775 | | | 17,775 | 4,444 | 4,444 | 4,444 | 4,444 | 비율 |
| | | 밥, 감자 외 | 460 | 10,350 | | | 10,350 | 2,588 | 2,588 | 2,588 | 2,588 | 비율 |
| | | 과일, 돼지고기 | 640 | 14,400 | | | 14,400 | 3,600 | 3,600 | 3,600 | 3,600 | 비율 |
| | | 맥주 구입 | 450 | 10,125 | | | 10,125 | 2,531 | 2,531 | 2,531 | 2,531 | 비율 |
| | **합계** | | 220,006 | 4,950,135 | 환율 : 22.5원 적용 | 1,716,413 | 3,233,723 | 2,450,514 | 860,259 | 860,259 | 779,102 | |
| 코타키나 | 12월 6일 | 입국 수속비 | 615 | 166,050 | 150불 | | 166,050 | 41,513 | 41,513 | 41,513 | 41,513 | 비율 |
| | 12월 7일 | 주유 | 1,350 | 364,500 | 430리터 | | 364,500 | 91,125 | 91,125 | 91,125 | 91,125 | 비율 |
| | | 식사 외 | 250 | 67,500 | | | 67,500 | 16,875 | 16,875 | 16,875 | 16,875 | 비율 |
| | | 저녁 식사 | 555 | 149,850 | | | 149,850 | 37,463 | 37,463 | 37,463 | 37,463 | 비율 |
| | **합계** | | 2,770 | 747,900 | 환율 : 270원 적용 | | 747,900 | 186,975 | 186,975 | 186,975 | 186,975 | |
| | **전체 합계** | | | 9,222,229 | | 2,398,233 | 6,823,997 | 4,033,808 | 1,953,880 | 1,944,380 | 1,290,161 | |